H. L. Chaudhary
B. M. Tandel
H. N. Leua

Efeito do tipo de estaca e do regulador de crescimento no enraizamento da macieira Wax

H. L. Chaudhary
B. M. Tandel
H. N. Leua

Efeito do tipo de estaca e do regulador de crescimento no enraizamento da macieira Wax

Cultura de frutos

ScienciaScripts

Imprint

Any brand names and product names mentioned in this book are subject to trademark, brand or patent protection and are trademarks or registered trademarks of their respective holders. The use of brand names, product names, common names, trade names, product descriptions etc. even without a particular marking in this work is in no way to be construed to mean that such names may be regarded as unrestricted in respect of trademark and brand protection legislation and could thus be used by anyone.

Cover image: www.ingimage.com

This book is a translation from the original published under ISBN 978-620-7-46223-0.

Publisher:
Sciencia Scripts
is a trademark of
Dodo Books Indian Ocean Ltd. and OmniScriptum S.R.L publishing group

120 High Road, East Finchley, London, N2 9ED, United Kingdom
Str. Armeneasca 28/1, office 1, Chisinau MD-2012, Republic of Moldova, Europe
Printed at: see last page
ISBN: 978-620-7-86511-6

Conteúdo

DEDICADO A
OS MEUS QUERIDOS
PAIS &
GURU

RESUMO

O presente estudo foi efectuado na Estação Experimental de Agricultura, Universidade Agrícola de Navsari, At & Po. Paria,Ta: Pardi, Distrito- Valsad, Gujarat, Índia durante o ano de 2015-16 para investigar o "Efeito do tipo de corte e reguladores de crescimento no enraizamento da maçã de cera (*Syzygium samarangense* L.)".

O experimento foi realizado em delineamento inteiramente casualizado com conceito fatorial, com dezoito combinações de tratamentos, compreendendo dois fatores (1) tipos de corte (corte de madeira dura e corte de madeira semi-dura) e (2) reguladores de crescimento (IBA 5000 ppm, IBA 7500 ppm, NAA 5000 ppm, NAA 7500 ppm, IBA 5000 + NAA 5000 ppm, IBA 5000 + NAA 7500 ppm, IBA 7500 + NAA 5000 ppm e IBA 7500 + NAA 7500 ppm). Os tratamentos foram repetidos três vezes. Foi estudado o efeito destes tratamentos nos parâmetros de germinação, crescimento de rebentos e raízes, e percentagem de sobrevivência.

Os resultados revelaram que os diferentes tipos de estacas, os reguladores de crescimento e as suas interacções exerceram influências significativas nos diferentes parâmetros estudados. Os resultados relativos aos diferentes tipos de estacas indicaram que a propagação da maçã para cera é efectuada através de estacas de madeira dura, ao passo que, entre os reguladores de crescimento, o IBA 5000 ppm + NAA 5000 ppm foi superior em termos de uma redução significativa dos dias necessários para a germinação das estacas, com uma percentagem máxima de germinação. Observou-se uma tendência semelhante nos parâmetros de crescimento do rebento e da raiz, como o número de folhas e rebentos, a área foliar, o diâmetro do rebento mais longo, o comprimento do rebento mais longo e da raiz, o peso fresco e seco da raiz e do rebento e a percentagem de sobrevivência.

A interação entre o tipo de estacas e as diferentes concentrações de reguladores de crescimento revelou que as estacas de folhosas tratadas com IBA 5000 ppm + NAA 5000 ppm registaram o máximo de brotação, melhor taxa de crescimento de raízes e rebentos em diferentes intervalos com maior percentagem de sobrevivência.

Com base nos resultados obtidos, concluiu-se que as estacas de madeira de macieira tratada com IBA 5000 ppm + NAA 5000 ppm registaram o maior crescimento de rebentos e sobrevivência de estacas, tendo sido consideradas mais úteis para material de plantação saudável e vigoroso de macieira (*Syzygium samarangense* L.).

Agradecimentos

É com grande prazer que escrevo este agradecimento, em sinal de gratidão a todas as pessoas que sempre me apoiaram e ajudaram nesta feliz caminhada. Curvo a cabeça perante os pais pela oportunidade que me deram e sempre me apoiaram em todos os momentos para me ajudarem a concluir este curso.

*De facto, as palavras de que disponho não são adequadas para transmitir a profundidade do meu sentimento e gratidão para com o meu orientador principal, o **Dr. B. M. Tandel**, Professor Associado, Departamento de Fruticultura, ASPEE College of Horticulture and Forestry, NAU, Navsari, pela sua orientação muito valiosa e inspiradora, com a sua natureza amigável, amor e afeto, pela sua atenção e atitude magnânima desde o primeiro dia, encorajamento constante, enorme ajuda e críticas construtivas ao longo desta investigação e preparação deste manuscrito.*

*É com grande prazer que registo a minha gratidão ao membro do meu comité consultivo, **Dr. V. K. Parmar**, Professor Associado, N. M. College of Agriculture, NAU, Navsari, **Dr. S. S. Gaikwad**, Professor Associado, Diretor, Horticulture Polytechnic, AES, N.A.U., Paria e **Dr. B. K. Bhatt**, Professor Associado, Departamento de Estatística, ASPEE College of Horticulture and Forestry, NAU, Navsari, pela sua valiosa orientação e inspiração durante o curso do estudo.*

*Estou extremamente grato ao visionário **Dr. C. J. Dangariya**, ilustre vice-chanceler da Universidade Agrícola de Navsari, Navsari. Estou igualmente grato ao **Dr. A. N. Sabalpara**, Diretor de Investigação e Pró-Reitor de PG, ao **Dr. G. G. Radadia**, Conservador, e ao **Dr. B. N. Patel**, Diretor e Pró-Reitor da Faculdade de Horticultura e Silvicultura da ASPEE, Universidade Agrícola de Navsari, Navsari, por terem proporcionado as instalações necessárias durante o curso da investigação.*

Reconheço sinceramente a cooperação prestada pelo pessoal da biblioteca e das secções académicas da nossa universidade durante o trabalho de curso. Agradeço especialmente a colaboração do pessoal da biblioteca central.

*É com grande prazer que exprimo os meus agradecimentos especiais ao **Dr. V. K. Patel**, ao **Dr. S. N. Sarvaiya**, ao Dr. **Y. N. Tandel**, ao Dr. **S. J. Patil**, ao **Dr. R. V. Tank**, ao **Dr. T. R. Ahlawat**, ao **Dr. C. R. Patel** e ao Prof.*

*Embora agradeça a amizade, não posso deixar de agradecer cordialmente aos meus melhores amigos **Utsav, Amit, Rahul, Ashok, Suresh, Mukesh, Bhago (Ramesh), Karmshi, Bhathi, Ashish, Kavan, Apexa, Hardik, Bindubhai e Sailleshbhai** pelo seu precioso tempo e partilha de conhecimentos. Por terem começado a fazer parte não só dos bons movimentos, mas também dos mais estranhos.*

*O meu vocabulário não tem palavras para respeitar e honrar os meus queridos pais. O meu pai **Shri Lumbabhai chaudhary**, a minha mãe **Smt. Daiben Chaudhary** e o meu irmão mais novo **Naresh Chaudhary**, as minhas irmãs **Mafiben e Hariben Chaudhary** e a minha mulher **Gitaben Chaudhary** sem o seu apoio e encorajamento constantes, o meu sonho não se teria tornado realidade.*

E, por último, mas não menos importante, deixo registados os meus humildes agradecimentos a todos aqueles que, direta ou indiretamente, estiveram associados a mim durante o meu trabalho de investigação.

(Chaudhary Hiralal L.)

I INTRODUÇÃO

A maçã de cera é uma árvore tropical que cresce até aos 15 a 20 metros de altura. A árvore tem um tronco curto com uma copa espessa e aberta, que se espalha amplamente, e uma casca cinzenta-rosada e descamada. O género da maçã de cera é *Syzygium* e pertence à família Myrtaceae. O género compreende cerca de 1100 espécies. As cultivares rosa, vermelha e verde da maçã de cera são populares na Malásia e noutros países do Sudeste Asiático. Também é chamada de maçã rosa, maçã de Java, caju pequeno, maçã do amor, fruta de sino (em Taiwan), jambu air (em indonésio), maçã de água, maçã da montanha, jambu de cera, macopa e tambis (Filipinas). Esta espécie é presumivelmente originária da Malásia. Também está a ser cultivada em diferentes partes da Índia pelos seus frutos comestíveis (Peter *et al.,*2011).

A Syzygium samarangense é uma árvore média, com 8-12 m de altura, tem um tronco curto cinzento-rosado com 25-30 cm de espessura, casca descamada e uma copa aberta e larga (Bose *et al,.* 2002). As folhas são opostas, quase sésseis, elíptico-oblongas, arredondadas ou ligeiramente cordadas na base; amareladas a verde-azuladas escuras; 10-25 cm de comprimento e 5-12 cm de largura; muito aromáticas quando esmagadas. As flores são perfumadas, branco-amareladas, com 2-4 cm de largura, 4 pétalas com numerosos estames de 1,5-2,5 cm de comprimento. O fruto ceroso, geralmente vermelho-claro, por vezes branco-esverdeado ou creme, tem forma de pera. A casca é muito fina, a polpa é branca, esponjosa, seca a sumarenta, pouco ácida e de sabor muito suave. Necessita de um clima extra-tropical para crescer nas altitudes mais baixas, até 4.000 pés na Índia. As folhas e as cascas da maçã de cera são utilizadas para várias doenças como tosse, constipação e amenorreia. Os frutos são utilizados como estomatite aftosa, diurético, emenagogo, abortivo e febrífugo (Peter *et al.,* 2011).

As flores e os frutos resultantes não se limitam às axilas das folhas e podem aparecer em quase todos os pontos da superfície do tronco e dos ramos. Quando madura, a árvore é considerada uma árvore de grande porte e pode dar até 700 frutos.

Ao escolher uma boa maçã de cera, procure as que têm os segmentos inferiores fechados, porque os buracos abertos significam ovos de vermes dentro do fruto. Além disso, normalmente os frutos mais vermelhos são os mais doces. Durante o consumo, o caroço é retirado e o fruto é servido sem cortes, de modo a preservar a apresentação única em forma de sino.

Os frutos da maçã de cera são estaladiços, sumarentos e saborosos, com aroma a maçã. A polpa do fruto contém tecido esponjoso e 92,87% de teor de água, pelo que a maçã de cera é mais popular no verão tórrido.

A maçã de cera contém água em abundância. Na medicina chinesa, os frutos, as folhas e as sementes da maçã são antifebris e as raízes são diuréticas. A utilização de frutos de maçã, especialmente no verão tórrido, é benéfica para matar a sede, aliviar a insolação e eliminar os efeitos nocivos da desidratação. Se forem utilizados com um pouco de sal, os frutos da maçã de cera são úteis para aliviar o desconforto nos intestinos e no estômago. As flores da maçã de cera são adstringentes e utilizadas na medicina chinesa para o tratamento da febre e da diarreia (Peter *et al.*, 2011).

A principal utilização da maçã de cera é sob a forma de fruta crua, mas também é utilizada sob a forma de sumo, geleia e para a produção de vinho. É também utilizada na decoração da cozinha chinesa e em pratos criativos. Na cozinha das ilhas do Oceano Índico, o fruto é frequentemente utilizado em saladas, bem como em pratos ligeiros. Os frutos da maçã de cera são populares, devido à pele escura, à polpa estaladiça e sumarenta e ao elevado teor de açúcar. O fruto é frequentemente servido sem corte, mas com o caroço retirado, para manter a sua forma de sino.

As maçãs de cera de pérola negra cultivadas na faixa costeira possuem uma cor escarlate brilhante, pequenos frutos secos e ligeiramente adstringentes. Os habitantes locais oferecem cachos de maçãs de cera para venerar os deuses ou os antepassados. As maçãs de cera também podem ser preparadas a frio ou destiladas para produzir um licor de frutos com um sabor único.

A maçã de cera ou maçã rosa não tem o mesmo sabor que a maçã inglesa, a polpa é branca e perfumada. Normalmente é consumida fresca, mas por vezes é enlatada em calda simples com canela.

A maçã Wax é propagada por via sexuada e assexuada. O método sexual é moroso e as sementes de produção tardia e recalcitrantes perdem a sua viabilidade num curto espaço de tempo e a multiplicação através de sementes cria uma grande variabilidade genética nos frutos, forma, tamanho e cor. Mas para obter uma plantação uniforme e manter a pureza genética, são necessários métodos assexuados de propagação. Na Índia, a estratificação por via aérea é o método mais utilizado para multiplicar a maçã para cera, mas esta só pode ser efectuada na estação das chuvas e o número de plantas que podem ser produzidas a partir das plantas-mãe é limitado. O processo de estratificação por via aérea é fastidioso, moroso e dispendioso. A taxa de sucesso é menor se houver um longo período de seca durante a monção. Por outro lado, a multiplicação por estacas pode ser efectuada durante todo o ano. Além disso, é fácil de fazer, rápido, simples e mais barato do que outros métodos assexuados e pode obter-se um grande número de plantas num curto espaço de tempo. A procura de material de plantação de boa qualidade pode aumentar no futuro. Por conseguinte, é necessário encontrar um método fácil de propagação da macieira-cera.

Os reguladores de crescimento das plantas são atualmente muito utilizados na propagação de plantas, nomeadamente na indução do enraizamento de estacas e na estratificação aérea. Os reguladores do crescimento das plantas mais utilizados para um melhor enraizamento das estacas são o IAA, o IBA e o NAA. Entre estas auxinas, o IBA e o NAA provaram ser os melhores para o crescimento correto das raízes e são amplamente utilizados para o enraizamento bem sucedido de estacas.

Por conseguinte, tendo em conta os pontos acima referidos, a presente investigação foi realizada sob o título "Efeito dos tipos de estacas e dos reguladores de crescimento no enraizamento da maçã Wax (*Syzygium samarangense* L.)" na Estação Experimental Agrícola, Universidade Agrícola de Navsari, Paria, com os seguintes objectivos 1. Descobrir o melhor método de corte da maçã de cera.

1. Para descobrir os melhores reguladores de crescimento e a sua combinação para o enraizamento da maçã de cera.

2. Descobrir a melhor combinação de método de estaca e reguladores de crescimento para obter maior sucesso no enraizamento de estacas de macieira.

II REVISÃO DA LITERATURA

Muitas plantas são propagadas comercialmente por meios vegetativos. Isto é possível porque todas as células vivas de uma planta têm a capacidade de se regenerar numa planta completa em condições ambientais favoráveis. As plantas produzidas por meios vegetativos são, por conseguinte, geneticamente idênticas e semelhantes à planta-mãe. De entre todos os métodos de propagação assexuada, as estacas são um método simples, rápido e barato de propagação de plantas.

Entre os métodos de propagação vegetativa, a estaca é um método muito antigo, o mais fácil e amplamente utilizado, que é geralmente seguido em espécies de fácil enraizamento. Nas estacas, as substâncias de crescimento aplicadas exogenamente aumentam a formação de raízes boas e precoces. Atualmente, as plantas de difícil enraizamento podem ser facilmente enraizadas através da aplicação de substâncias de crescimento vegetal.

Os reguladores de crescimento das plantas, como o ácido indole-3-butírico (IBA) e o ácido naftaleno-acético (NAA), têm sido amplamente utilizados como auxiliares de enraizamento em macieiras e outras culturas frutícolas.

II.1 Cera Maçã

Thantirige e Karunaratna (2005) trabalharam na propagação da macieira sem sementes (*Syzygium samarangense*) e observaram que as estacas de madeira de macieira sem sementes tratadas com 2500 ppm de IBA deram a maior percentagem de sobrevivência.

II.2 Ro se Apple

O estudo levado a cabo por Sharma *et al.* (1989) revelou que os comprimentos de raiz mais elevados foram registados em estacas semilenhosas de roseira brava (*Syzygium jambos* Alston.) com tratamento IBA 5000 mg/l. Enquanto que a percentagem de sucesso de enraizamento foi mais reduzida com NAA, mas o comprimento da raiz aumentou com IBA.

II.3 Maçã de água

Paul e Aditi (2009) relataram que o IBA e o NAA 1000 ppm induzem caracteres de enraizamento mais melhorados em maçã de água (*Syzygium javanica* L.), e descobriram que a aplicação de IBA e NAA a 1000 ppm melhora os caracteres de enraizamento como o comprimento da raiz, o diâmetro, a ramificação, a dureza e a relação do enraizamento com o brotamento.

II.4 Apple

Faghihi *et al.* (2013) estudaram o efeito de diferentes concentrações de hormonas, IBA, IAA e NAA, no enraizamento das estacas lenhosas dos porta-enxertos de macieira MM106, M9 e MM111. Após a preparação das estacas lenhosas de MM111, MM106 e M9, os porta-enxertos foram desinfectados com o fungicida Benomel. Estas estacas foram tratadas com ácido indole-butírico (IBA), ácido indole-acético (IAA) e ácido naftaleno-acético (NAA) a três níveis (0, 3500 e 5500 ppm) e plantadas em camas de perlite e areia (rácio 50:50), tendo-se verificado que todas as características estudadas, tais como o comprimento da raiz, o comprimento do rebento, o peso seco da raiz e a percentagem de enraizamento, foram máximas no tratamento com IBA e NAA 3500 ppm.

II.5 Alperce

Suriyapananont (1990) estudou estacas de caule de alperce japonês em relação a reguladores de crescimento, meios de enraizamento e mudanças sazonais e afirmou que estacas de caule de alperce japonês tratadas com solução de IBA 2500 ppm deram a melhor percentagem de enraizamento.

Salama *et al.* (1991) realizaram uma experiência sobre a influência da aplicação de IBA na capacidade de enraizamento de estacas de caule de alperce e observaram que a estaca de caule de alperce cv. Amar apresentou a maior percentagem de enraizamento quando tratada com uma solução de IBA 4000 ppm.

II.6 Fruta-pão

Hamilton *et al.* (1982) realizaram uma experiência sobre o enraizamento de estacas do caule da fruta-pão (*Artocarpus alitilis*) e observaram que as estacas do caule da fruta-pão deram a melhor percentagem de enraizamento quando as estacas foram tratadas com IBA 2500 ppm em câmara de nebulização.

II.7 Cereja

Pirlak (2000) investigou os efeitos das doses de IBA e das épocas de corte no enraizamento de estacas de madeira de algumas cerejeiras Cornelian (*Cornus mas* L.). As estacas de madeira foram recolhidas e tratadas com IBA a 2000, 4000 e 6000 ppm. Foram determinadas a taxa de enraizamento, a taxa de viabilidade, a taxa de cortes calosos, o número de raízes, o comprimento das raízes, o diâmetro das raízes e a qualidade das raízes. Os resultados do estudo revelaram que o IBA 6000 ppm

application gave the best result for rooting of the hardwood cuttings of Cornelian cherry.

Esitken *et al.* (2003) avaliaram os efeitos de uma gama de concentrações de ácido indole-3-butírico (IBA) (250, 500 e 750 ppm) isoladamente e em combinação com três estirpes de *Agrobacterium rubi* (A1, A16 e A18) na capacidade de enraizamento de estacas de ginja selvagem (*Prunus cerasus* L.) de madeira macia e de madeira semidura. As estirpes bacterianas utilizadas no presente estudo foram isoladas da folhagem de pomóideas (de pomares de macieiras e pereiras) que crescem na região oriental da Anatólia, na Turquia.

Não se observou qualquer enraizamento nas estacas de ginja selvagem com tratamento de controlo (sem IBA ou tratamento bacteriano) em ambos os tipos de estacas, ao passo que se observaram diferentes enraizamentos nas estacas tratadas com IBA e bactérias. A percentagem mais elevada de enraizamento de 65% para as estacas de madeira macia e 70% para as estacas de madeira semi-dura foi observada quando estas foram tratadas com IBA 250 ppm + tratamentos A16. Entre os diferentes níveis de hormona aplicados, a melhor percentagem de enraizamento foi encontrada no tratamento de IBA 250 ppm (39,4%). Nas estacas semilenhosas, a maior percentagem de enraizamento entre as estirpes bacterianas e as doses de hormona foi obtida com os tratamentos A16 (49,4%) e IBA 750 ppm (46,9%).

Markovic *et al.* (2014) examinaram o efeito do método de aplicação de IBA (imersão em pó ou imersão na solução) no enraizamento de estacas de madeira macia de cerejeira Corneliana. Quatro tipos de estacas (terminal, estacas de nó de sinalização com madeira da estação atual, madeira de 2 anos de idade do terminal e estacas de nó único com uma pequena secção de madeira de 2 anos de idade) enraizadas sob nebulização intermitente foram retiradas da árvore-mãe de elite na floresta urbana na área de Belgrado. Após 10 semanas, os melhores resultados foram obtidos utilizando estacas terminais com madeira da estação atual apenas quando tratadas com 1% de IBA (pó de imersão).

II.8 Citrinos

Arora *et al.* (1985) estudaram o efeito de reguladores de crescimento no enraizamento de estacas de limoeiro com e sem folhas. Verificaram que a aplicação de NAA a 2000 ppm às cultivares Baramasi e Kagzi-Kalan e 3000 ppm à cv. Eureka deu o melhor enraizamento e sobrevivência em estacas de limão com folhas. Em estacas sem folhas, o NAA a 4000, 3000 e 2000 ppm para Baramasi, Kagzi-Kalan e Eureka, respetivamente, foi o melhor tratamento de enraizamento.

Debnath *et al.* (1986) observaram que os sinergistas de auxinas no enraizamento de estacas de caule de limão (*Citrus limon Burm.*) Duzentos rebentos de árvores de 8 anos de idade foram anelados e 200 foram deixados intactos. O enraizamento máximo (95%) foi observado em estacas pré-tratadas com ácido ferúlico a 200 ppm e depois tratadas com NAA 5000 ppm.

Uma experiência realizada na Estação Regional de Investigação de Frutas, Universidade Agrícola de Punjab, Ludhiana, por Sandhu e Singh (1986). Encontraram o rebento mais longo (33,20 cm) em estacas semilenhosas de lima doce quando tratadas com NAA 200 ppm.

Singh *et al.* (1986) efectuaram estudos sobre a regeneração da lima doce (*Citrus limettioides* Tanaka) através de estacas com a ajuda de IBA e NAA. Algumas estacas de 25 cm de comprimento colhidas em julho foram tratadas com IBA ou NAA, cada um com 1500-6000 ppm, e plantadas em vasos cheios de areia. O enraizamento e a subsequente germinação e crescimento das plantas foi melhor com IBA 1500 ppm, seguido de perto por NAA 1500 ppm.

Ozcan *et al.* (1990) estudaram os efeitos de reguladores de crescimento de plantas e de diferentes épocas de propagação na percentagem de enraizamento de estacas semilenhosas de alguns porta-enxertos de citrinos. As estacas, com 20 cm de comprimento e 1 a 2 folhas, foram retiradas em maio, julho e outubro de laranjeiras azedas cv. Common, *Poncirus trifoliata* cultivares Rubidoux, Common e Flying Dragon, e rough lemon cv. Florida. As estacas foram tratadas com IBA ou NAA a 2000, 4000 ou 6000 ppm cada e enraizadas num meio de solo vulcânico em bancos de propagação com nebulização. A percentagem de enraizamento mais elevada foi obtida com estacas colhidas em julho e a mais baixa com a propagação em outubro. Os melhores resultados do tratamento com reguladores de crescimento foram obtidos com IBA 4000 ppm para a laranja azeda comum (57,77% de enraizamento), IBA 2000 ppm para a laranja trifoliada Flying Dragon (100%), NAA 4000 ppm para a laranja trifoliada comum (55,55%) e NAA 6000 ppm para a laranja trifoliada Rubidoux (44,44%).

Sabbah *et al.* (1991) revelaram que as estacas de caule dos diferentes clones responderam significativamente na produção de raízes aos tratamentos com NAA e IBA após seis semanas de avaliações. A concentração mais baixa de NAA (1000 ppm) produziu o máximo de enraizamento (75%) em todas as selecções. Estacas tratadas com NAA 1000 ppm e IBA 3000 ppm
produziu um maior número de raízes (mais longas e mais grossas) do que o controlo.

Singh *et al.* (2013) estudaram o efeito das concentrações de IBA no crescimento e enraizamento de estacas de limoeiro citrino cv. Pant Lemon. O diâmetro médio máximo da raiz por estaca foi observado sob a concentração de 2000 ppm de IBA, seguido pela concentração de 1000 ppm de IBA. Entre todos os tratamentos, o número de estacas brotadas (6,29), o comprimento e o diâmetro do broto (23,77 cm e 1,52 cm, respetivamente), o número de brotos, o número de folhas e o número de raízes/estaca (17,77 e 23,00 e 52,42, respetivamente) na estaca de madeira dura.

Bhatt e Tomar (2010) estudaram os efeitos do IBA no desempenho do enraizamento de *Citrus auriantifolia Swingle* (Kagzi-lime) em diferentes condições de crescimento. A investigação revelou claramente que o IBA 500 ppm é mais eficaz na estimulação do sistema radicular a partir de estacas e no desenvolvimento de raízes de estacas de *Citrus auriantifolia* e pode ser utilizado para a multiplicação em massa.

II.9 Maçã-creme

George e Nissen (1983) realizaram uma experiência sobre a propagação da anoneira e observaram que as estacas da ponta e as estacas do caule de Atemoya (*Annona cherimolia* X *A. squamosa*) cultivares Pink' s Mommoth e African Pride tinham um melhor enraizamento quando tratadas com uma solução de 2000 ppm de IBA.

II.10 Figo

Sontakke *et al.* (1996) observaram que o maior comprimento de rebentos foi obtido no corte de figueira cv. Daulatabad quando tratada com NAA 25 ppm em condições de Parbhani.

Rafael (2006) afirmou que, em estacas apicais de figueira, o número máximo de rebentos por estaca e o número máximo de folhas por estaca foram obtidos quando foram tratados com IBA 2000 ppm em condições de estufa.

Reddy *et al.* (2008) estudaram o efeito das auxinas no enraizamento do figo e verificaram que foi obtido um número máximo de raízes quando as estacas de figo foram tratadas com IBA 2500 ppm + NAA 2500 ppm, tanto em estacas de madeira dura como de madeira semi-dura.

Khapare *et al.* (2012) estudos de propagação da figueira afectados pelo regulador de crescimento vegetal. A propagação da figueira cv. 'Dinker' envolvendo dois tipos de estacas (estacas de madeira dura e estacas de madeira semi-dura), reguladores de crescimento de plantas IBA (1000 e 2500 ppm), NAA (1000 + 2500 ppm) a sua combinação (IBA 2500 ppm + NAA 2500 ppm e IBA 1000 ppm + NAA 1000 ppm), e registou o número máximo de rebentos por estaca, área foliar, número de folhas, matéria seca de raiz e rebento em estacas de madeira dura tratadas com IBA 2500 ppm + NAA 100 ppm.

Babaie *et al.* (2014) observaram que o IBA de 6000 m/l foram o melhor tratamento para a propagação por estaca na figueira cv. 'Aamstel Queen' (*Ficus binnendikii*) durante a colheita da estaca no início de setembro.

II.11 Uva

Garande *et al.* (2002) estudaram o efeito do IBA e do número de entrenós no enraizamento de estacas caulinares de porta-enxertos de uva e relataram que o porta-enxerto 1613-C não necessitou de tratamento químico para estimular a formação de raízes, enquanto que as estacas de Logridge e Salt creek com cinco entrenós foram tratadas com IBA 1500 ppm para obter uma melhor percentagem de brotação de 86,60 e 80,00, respetivamente.

II.12 Groselha do Cabo

Moreno *et al.* (2009) avaliaram o efeito de cinco concentrações de ácido indole butírico (IBA) (0, 200, 400, 600 e 800 mg l^{-1}) e dois substratos (turfa e mistura 1:1 v/v de terra preta e casca de arroz) no enraizamento e crescimento de estacas terminais de plantas de groselha do Cabo. Os melhores resultados foram observados quando se aplicou IBA 800 mg l^{-1} a estacas plantadas em turfa. Esta combinação de tratamentos determinou a maior percentagem de enraizamento e o maior comprimento de raiz, massa fresca e seca de raízes, número de folhas e área foliar.

II.13 Goiaba

Al-Obeed (2000) estudou o efeito dos reguladores de crescimento, dos compostos fenólicos e do tempo de propagação no enraizamento de estacas de goiabeira e referiu que as estacas tratadas com IBA + catecol 1000 ppm e NAA + ácido cinâmico 1000 ppm produziram as raízes mais longas (16,2 e 16,1 cm, respetivamente) e um maior número de raízes, enquanto o controlo produziu 8,3 cm de comprimento médio de raiz por estaca.

Manan *et al.* (2002) realizaram uma investigação sobre o efeito do IBA em estacas de madeira dura de goiabeira e observaram que o comprimento máximo das raízes (261,5 cm) foi medido em estacas de madeira dura tratadas com IBA 1000 ppm, enquanto que o mínimo (2,313 cm) foi observado no tratamento de controlo. No entanto, registou-se uma menor percentagem de mortalidade nas estacas tratadas com IBA 1000 ppm e 500 ppm. Uma situação geral levou à conclusão de que o IBA a uma concentração mais elevada possui mais potencial no desenvolvimento de raízes, brotação e diminui a percentagem de mortalidade do que o controlo e concentrações mais baixas de IBA.

Ullah *et al.* (2005) estudaram o efeito de reguladores de crescimento vegetal no enraizamento de estacas de goiabeira cv. Allahabadi. IBA, NAA e paclobutrazol 1000 ppm foram aplicados em estacas de madeira dura, semi-madeira dura e madeira macia, imergindo as extremidades basais das estacas nas soluções durante 5 minutos. Verificaram que as estacas de madeira de folhosas tratadas com NAA 1000 ppm apresentaram brotação precoce (17,68 dias) e comprimento máximo da raiz (12,81 cm), respetivamente.

Lal *et al.* (2007) estudaram o efeito do IBA e do NAA no potencial de enraizamento de rebentos estolados de goiaba (*Psidium guajava* L.) cv. Sardar. O tratamento IBA (7500 ppm) proporcionou uma percentagem máxima de enraizamento (96,67%), um número médio de raízes por rebento (46,93), um comprimento médio de raiz (8,45 cm) e uma percentagem de sobrevivência (75%) após o transplante no campo.

Abbas *et al.* (2013) realizaram um estudo no Horticultural Research Institute, AARI, Faisalabad, Paquistão, durante os anos de 2009-10 e 2010-11, para produzir plantas de viveiro de goiaba (*Psidium guajava L.*) de tipo verdadeiro.

Para este efeito, foram realizadas experiências de viveiro sobre a normalização da técnica de propagação clonal em goiaba (*cv.* Gola) através da aplicação de diferentes concentrações de IBA (0, 1, 1,5 e 2 %) em estacas de madeira macia de goiaba, criando 80-85 por cento de humidade e 25-28°C de temperatura em túneis (1,80 x 0,90 x 0,75 m) cobertos com folha de polietileno. Observou-se uma percentagem de sucesso significativamente maior (55,75%) em estacas de madeira macia tratadas com 1,5% de IBA em comparação com o controlo (13,00%).

II.14 Jaca

Dhua *et al.* (1983) estudaram a propagação de jaqueira (*Artocarpus heterophyllus*) por estacas de caule e observaram que estacas de caule de jaqueira com um ano de idade deram a maior percentagem de enraizamento e sobrevivência de plantas quando foram tratadas com uma solução de 3000 ppm de IBA nas condições de Bengala Ocidental.

II.15 Kiwi

Tu *et al.* (1991) trabalharam o efeito da solução de IBA na propagação rápida de estacas de kiwi chinês (*Actinidia chinensis*) em pleno sol e afirmaram que as estacas de caule de kiwi chinês apresentaram maior comprimento de raiz e maior percentagem de sobrevivência quando as estacas foram tratadas com solução de IBA 1000 ppm.

Alam *et al.* (2007) relataram o efeito das concentrações de IBA no enraizamento de estacas de kiwi. As estacas calejadas de ambos os sexos foram tratadas com 0, 3000, 4000, 5000 e 6000 ppm de IBA. As estacas de ambas as cultivares tratadas com IBA 4000 ppm apresentaram melhores resultados na percentagem de sobrevivência, número de raízes por planta, comprimento da raiz, peso da raiz, diâmetro da raiz, número de folhas e diâmetro do rebento.

Gjeloshi *et al.* (2014) realizaram uma experiência sobre o efeito da solução de 3000 ppm de IBA na capacidade de enraizamento de estacas vegetativas (estacas de folhosas, estacas verdes e estacas semilenhosas) de kiwi, e observaram 80 %, 54 % e 56 % de enraizamento em estacas de folhosas, estacas verdes e estacas semilenhosas, respetivamente, em comparação com o controlo.

II.16 Azeitona

Das *et al.* (2006) afirmaram que as estacas de oliveira de madeira dura tiveram maior enraizamento (96,66 %), comprimento da raiz (4,20 cm) e sobrevivência (83,33 %) quando as estacas foram tratadas com IBA 5000 ppm.

Kurd *et al.* (2010) estudaram o efeito do IBA no enraizamento de estacas de caule de oliveira. A maior percentagem de enraizamento (60%) e o maior número de estacas enraizadas foram obtidos com estacas tratadas com 3000 ppm de IBA. Enquanto o maior comprimento de raiz e o maior número de raízes por estaca foram obtidos com a aplicação de 4000 ppm de IBA.

Porghorban *et al.* (2014) observaram que as estacas semilenhosas de oliveira tratadas com 2000 ppm de IBA apresentaram a maior percentagem de enraizamento (97,22%), número de raízes (7,15) e comprimento de raízes (12,67 cm) em meio de enraizamento cocopeat + perlite.

Thakur *et al.* (2014) estudaram o efeito de diferentes concentrações de IBA em estacas de oliveira e descobriram um maior enraizamento (58,33 %), peso fresco (0,59 g), peso seco (0,21 g), número de folhas (16,80), área foliar total (38,29), relação rebento : raiz (3,47) e sobrevivência (77,26 %) quando as estacas foram tratadas com 4000 ppm de IBA.

II.17 Amora

Polat (2008) observou que as estacas de amoreira tratadas com 5000 ppm de IBA deram o maior comprimento de raiz em condições de estufa.

Singh *et al.* (2014) estudaram o efeito do IBA e do NAA em estacas de caule de amoreira. Estacas de caule de *Morus alba* foram tratadas com 1000, 1500 e 2000 mg l^{-1} soluções de IBA e NAA pelo método de imersão rápida. Estas estacas foram enraizadas num meio de enraizamento de uma mistura de 1:1 de solo arenoso e estrume de quintal, em enraizadores de plástico dentro de uma casa de nebulização. Entre todos os tratamentos, o número de estacas germinadas, o comprimento das raízes/corte, a percentagem de estacas enraizadas, o comprimento dos rebentos mais longos da raiz foram mais elevados com IBA 2000 mg l^{-1} .

II.18 Maracujá

Kumar *et al.* (2008) estudaram a propagação de maracujá cv. 'Kaveri' através de estacas de madeira semi-dura em condições de coorg, utilizaram dois métodos diferentes de aplicação, imersão rápida IBA (1000, 2500 e 5000 mg/l), NAA (200, 400 e 800 mg/l) e imersão lenta (12 horas) em concentrações mais baixas de IBA (10, 25 e 50 mg/l) e NAA (20, 40 e 80 mg/l). Registaram um máximo de enraizamento, comprimento da raiz, peso fresco e peso seco das raízes em estacas tratadas com IBA 1000 mg/l pelo método de imersão rápida.

II.19 Ameixa

Chauhan e Reddy (1974) realizaram uma experiência sobre o efeito de reguladores de crescimento e o enraizamento de estacas de ameixa (*Prunus domestica* L.) sob neblina e observaram que a estaca de ameixa produziu o maior brotamento e a maior percentagem de enraizamento quando as estacas foram tratadas com uma solução de 1000 ppm de IBA.

Singh *et al.* (1993) realizaram uma experiência sobre a influência do ácido indole butírico (IBA) no enraizamento da ameixa *cv.* Kabul Green Gage e observaram que o corte do caule da ameixa *cv.* Kabul Green Gage tratado com

IBA 100 ppm deu o maior número de percentagem de raízes, comprimento da raiz, perímetro e altura da planta.

Kracikova (1996) estudou a seleção de porta-enxertos de ameixa para propagação económica por estacas de madeira dura e afirmou que os porta-enxertos de ameixa foram propagados por estacas de madeira dura e deram uma elevada percentagem de enraizamento e de sobrevivência quando tratados com IBA 2500 ppm.

Canli e Bozkurt (2009) avaliaram a capacidade de enraizamento de estacas semilenhosas de ameixeira 'Sarierik', a fim de desenvolver um método de propagação alternativo para este importante clone de ameixeira cultivado na região de Nevsehir, na Turquia. As estacas foram tratadas com diferentes níveis (0, 500, 1000, 1500 e 2000 mg l^{-1}) de ácido indole butírico (IBA) para testar a hipótese de que as diferenças nas concentrações de auxina poderiam afetar a capacidade de enraizamento de estacas de madeira semi-dura de 'Sarierik'. A aplicação de IBA promoveu um aumento significativo da percentagem de enraizamento em relação às estacas de controlo. A melhor percentagem de enraizamento (87,5 %) foi obtida com a aplicação de 1500 mg l^{-1} de IBA, enquanto a percentagem de enraizamento das estacas de controlo não tratadas foi de apenas 10,8 %.

II.20 Romã

Purohit e Shekharappa (1985) relataram que o corte basal de romã tratado com IBA 5000 ppm deu o maior comprimento de broto (10,97 cm).

Sharma e Sharma (1987) efectuaram o enraizamento de estacas de madeira dura e semi-dura de romã selvagem *(Punica granatum* L.). Verificaram que os caracteres da raiz e do rebento das estacas foram influenciados pela aplicação de IBA em ambos os tipos de estacas. Algumas árvores deram uma resposta positiva e outras deram uma resposta negativa à aplicação de IBA a 4000 ppm. As estacas de madeira semi-dura enraizaram e sobreviveram melhor e produziram um sistema radicular abundante em comparação com as estacas de madeira dura.

Patel (1988) realizou uma experiência para estudar o efeito de reguladores de crescimento no enraizamento de estacas de caule de romã cv. 'Ganesh'. As estacas foram tratadas com IBA, NAA e IBA + NAA a 5000 mgl cada^{-1} . Verificou que o IBA 5000 mgl^{-1} era superior para a maioria dos parâmetros, como o número de raízes, o número de rebentos e a percentagem de sucesso mais elevada, seguido do tratamento combinado de IBA + NAA, cada um a 5000 mg l^{-1} .

Hore *et al.* (1993) observaram que a formação de raízes em estacas de romã *(Punica granatum* L.) com NAA e sinergistas de auxinas sob nebulização intermitente, os rebentos de romã cv. Bedana foram anelados e etiolados durante 15 dias

antes do corte. Os rebentos foram então cortados e tratados com os compostos não-auxínicos ácido p-hidroxibenzóico (PHB), ácido ferúlico (FA) e Ethrel [ethephon], todos a 1000 ppm, separadamente e em combinação com NAA 2500, 5000 ou 10000 ppm. Verificaram que o maior sucesso de enraizamento foi em maio, junho e julho com PHB + NAA 2500 ppm foi de 79,75 %, 92,75 % e 76,29 %, respetivamente, em comparação com 53,17, 58,16 e 44,26 %, respetivamente, nos controlos (anelados, etiolados e tratados com álcool). FA + NAA 5000 ppm e 2500 ppm NAA sozinho produziram o maior número de raízes/corte. As raízes mais longas desenvolveram-se a partir de estacas tratadas com PHB + NAA 5000 ppm. As taxas mais elevadas de sobrevivência das estacas ocorreram com FA ou PHB em combinação com NAA 5000 ppm.

Navjot e Kahlon (2002) realizaram uma experiência para estudar o efeito do tipo de estacas e do IBA no enraizamento de estacas em romã cv. Kandhari. Observaram que, da porção basal, média e sub-apical do rebento, as estacas médias tratadas com IBA 100 ppm foram a combinação de tratamentos mais eficaz na promoção do enraizamento.

Upadhyay e Badyal (2007) relataram o efeito de reguladores de crescimento no enraizamento de estacas de romã e descobriram que IBA @ 2000 mg/l dá uma percentagem máxima de enraizamento e sobrevivência seguida de NAA 100 + IBA @ 2000 mg/l.

Saroj *et al.* (2008) estudaram a padronização da propagação de romã por estaca sob sistema de nebulização em região quente e árida e observaram que as estacas de madeira dura de romã deram mais raízes/enxertos quando as estacas foram tratadas com 2500 ppm de solução de IBA sob condições de nebulização.

II.21 Graviola

Santos *et al.* (2011) realizaram um trabalho de investigação sobre o enraizamento de estacas moles de gravioleira (*Annona muricata*) 'Gigante de Alagoas' e afirmaram que a estaca do caule da gravioleira tratada com solução de IBA 2000 ppm deu a maior percentagem de enraizamento.

Santos *et al.* (2013) trabalharam no enraizamento de estacas de gravioleira colhidas em diferentes posições do ramo e tratadas com IBA, observaram que estacas apicais de gravioleira tratadas com 3000 ppm apresentaram maior percentagem de enraizamento.

III MATERIAL E MÉTODOS

A presente experiência, intitulada "Efeito do tipo de estaca e dos reguladores de crescimento no enraizamento da maçã-cera (*Syzygium samarangense* L.)", foi realizada de julho de 2015 a outubro de 2015. Os pormenores das técnicas seguidas e dos materiais utilizados durante a investigação são descritos neste capítulo sob os títulos adequados.

II.22 Geral

3.1.1 Local experimental

A experiência foi efectuada em condições de estufa na Estação Experimental Agrícola, Universidade Agrícola de Navsari, At & Po. Paria, Ta: Pardi, District-Valsad, situada a 22^0 35' de latitude norte e 72^0 35' de longitude leste, a uma altitude de 16,10 m acima do nível médio do mar.

3.1.2 Clima

Geograficamente, a Estação Experimental Agrícola de Paria insere-se na zona climática tropical e na zona agro-climática "South Gujarat heavy rainfall zone-I, AES-II". A monção começa na segunda semana de junho e dura até à primeira semana de outubro e limita-se principalmente à monção do sudoeste. A precipitação média anual varia entre 1500-2000 mm e uma humidade relativa de 75 a 95 por cento durante a monção. O verão é ligeiramente quente e o inverno é ligeiramente fresco. A temperatura máxima média varia entre $30,25^0$ C e $36,51^0$ C, enquanto a temperatura mínima varia entre $10,32^0$ C e $25,72$ C.^{0}

3.1.3 Clima

Os dados meteorológicos relativos às temperaturas médias, à humidade relativa e à precipitação foram registados na Estação Experimental Agrícola, Universidade Agrícola de Navsari, At & Po. Paria, Ta: Pardi, District- Valsad para o período de julho de 2015 a outubro de 2015. Os dados recolhidos são tabulados no Apêndice - I.

Os dados apresentados no Apêndice - I mostram que a temperatura média variou entre 23^0 C e $32,9^0$ C e a humidade relativa entre 56,7 e 93,4 por cento durante a época de cultivo,

2015.

II.23 Detalhes da experiência

3.2.1 Ano : 2014-15

3.2.2 Cultura : Maçã de cera

3.2.3 Variedade : Local

3.2.4 Conceção da experiência: FCRD

3.2.5 Combinações de tratamento : 18

3.2.6 Repetições : 3

3.2.7 Número de cortes por tratamento: 20

3.2.8 N.º total de plantas/estacas: 1080

3.2.9 Pormenores do tratamento

(A). Método de propagação (P)

1. P1- Corte de madeira dura
2. P2- Corte de madeira semi-dura

(B). Reguladores de crescimento (G)

1. G1 -IBA 5000 ppm
2. G2- IBA 7500 ppm
3. G3- NAA 5000 ppm

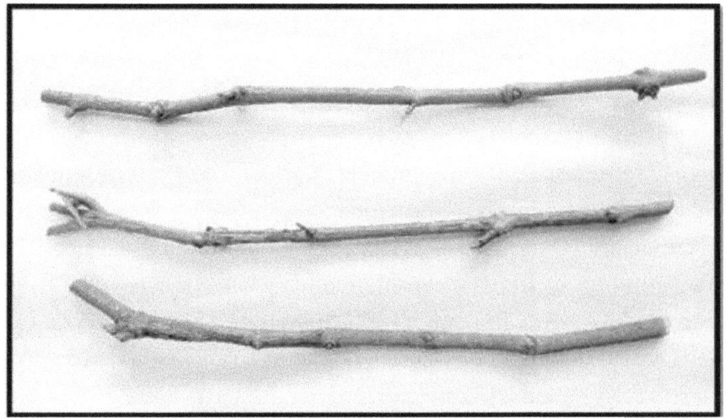

Corte de madeira dura

Corte de madeira semi-dura

FOTO 1. Diferentes tipos de corte utilizados durante a experiência

4. G4- NAA 7500 ppm
5. G5- IBA 5000 + NAA 5000 ppm
6. G6- IBA 5000 + NAA 7500 ppm
7. G7- IBA 7500 + NAA 5000 ppm
8. G8- IBA 7500 + NAA 7500 ppm
9. G9- Controlo

3.2.10 Combinações de tratamento

Tratamento	Estacas	
	Pi	P2
Gi	P1 G1	P2 Gi
G2	Pi G2	P2 G2
G3	Pi G3	P2 G3
G4	Pi G4	P2 G4
G5	Pi G5	P2 G5
G6	Pi G6	P2 G6
G7	Pi G7	P2 G7
G8	Pi G8	P2 G8
G9	Pi G9	P2 G9

II.24 Método de aplicação do tratamento

Método rápido e profundo

II.25 Material

3.4.1 Preparação da solução de IBA e NAA

Para a preparação da solução de IBA e NAA, dissolveu-se a quantidade conhecida de IBA e NAA em pó em álcool etílico e fez-se um volume de 500 ml com água destilada.

Quantidade necessária de IBA e NAA para 500 ml de solução

Concentração	IBA requerem (g)	NAA requerida (g)
IBA 5000 ppm	2.50	-
IBA 7500 ppm	3.75	-
NAA 5000 ppm	2.50	-
NAA 7500 ppm	3.75	-
IBA 5000 + NAA 5000 ppm	2.50	2.50
IBA 5000 + NAA 7500 ppm	2.50	3.75
IBA 7500 + NAA 5000 ppm	3.75	2.50
IBA 7500 + NAA 7500 ppm	3.75	3.75

3.4.2 Meios de propagação

Para a experiência, as estacas foram cultivadas em sacos de polietileno, contendo um meio de solo laterítico vermelho bem drenado + composto de vermi (1:1).

3.4.3 Necessidade de corte

Corte de madeira dura

As estacas foram retiradas de uma árvore saudável de 10 a 15 anos de idade de maçã para cera situada na Estação Experimental Agrícola (AES), NAU, Pariya, Valsad. Estas estacas são geralmente feitas de ramos maduros de ramos com um ano de idade, com cerca de 15 a 20 cm de comprimento.

Corte de madeira semi-dura

Foram também retiradas estacas semilenhosas da mesma planta de ramos com um ano de idade, com cerca de 15 a 20 cm de comprimento.

II.26 Plantação de estacas

As estacas tratadas foram plantadas em sacos de polietileno devidamente cheios, etiquetados e colocados.

II.27 Irrigação

A irrigação das estacas em sacos de polietileno foi feita com uma roseira e manteve-se o nível de humidade adequado. Os sacos foram regados sempre que necessário.

II.28 Proteção das plantas

Os sacos foram tratados com uma solução de carbendenzim a 2 g/litro um dia antes da sementeira.

II.29 Observação registada

A resposta da cultura ao tratamento aplicado no âmbito do presente estudo foi avaliada com base no crescimento das estacas durante 30, 60, 90 e 120 DAP. Foram utilizadas cinco plantas marcadas para todas as observações, exceto a percentagem de sobrevivência.

3.8.1 Dia da primeira germinação:

Foram contados os dias que as estacas demoraram a brotar após a plantação em cada tratamento e calculou-se o número médio de dias que demoraram a brotar.

3.8.2 Número de rebentos por corte aos 30, 60, 90 e 120 DAP

O número de rebentos foi registado 30, 60, 90 e 120 dias após a plantação e foi calculado o número médio de rebentos por estaca.

3.8.3 Número de folhas por corte aos 30, 60, 90 e 120 DAP

O número de folhas por corte foi registado aos 30, 60, 90 e 120 dias após a plantação e a média foi calculada.

3.8.4 Comprimento do rebento mais comprido (cm) aos 30, 60, 90, 120 DAP

O comprimento do rebento mais comprido foi medido desde a base do novo rebento até ao topo do rebento mais comprido, 30, 60, 90 e 120 dias após a plantação, em cinco plantas seleccionadas de cada repetição, e depois a média foi calculada em cm.

3.8.5 Diâmetro do rebento mais comprido (cm) aos 30, 60, 90, 120 DAP

O diâmetro do rebento mais longo em cada tratamento foi registado após 30, 60, 90 e 120 dias de plantação com a ajuda de um paquímetro digital e foi calculado o comprimento médio do diâmetro do rebento mais longo por corte.

3.8.6 Peso fresco da planta (g) aos 120 dias

Os rebentos e as folhas frescas foram retirados do corte e os pesos médios foram obtidos com a ajuda de uma balança eletrónica.

3.8.7 Peso seco da planta (g) aos 120 dias:

Os rebentos e as folhas secos das plantas foram secos em estufa a 60^0 C durante 48 horas e o peso seco médio foi determinado com a ajuda de uma balança eletrónica.

3.8.8 Área foliar (cm)^2

A área foliar foi medida por metro de área foliar aos 120 dias após a plantação das plantas etiquetadas e a média foi calculada em cm^2 .

3.8.9 Número de raízes por estaca aos 30, 60, 90, 120 DAP

O número de raízes por estaca foi registado com a ajuda de uma balança após 30, 60, 90 e 120 dias de plantação e a média foi calculada.

3.8.10 Comprimento das raízes (cm) aos 30, 60, 90 e 120 DAP

O comprimento da maior raiz foi registado 30, 60, 90 e 120 dias após a plantação. Cinco plantas marcadas de cada repetição foram

O comprimento da raiz mais longa foi medido com a ajuda de uma escala em cm e a média foi calculada.

3.8.11 Peso fresco da raiz (g) aos 120 dias

As raízes frescas foram retiradas da estaca e o peso fresco das raízes foi obtido com a ajuda de uma balança eletrónica.

3.8.12 Peso seco da raiz (g) aos 120 dias

As raízes secas foram secas em estufa a $60°$ C durante 48 horas e o peso seco foi medido com a ajuda de uma balança eletrónica.

3.8.13 Percentagem de sobrevivência

A percentagem de sobrevivência foi calculada após 120 DAP. Foi calculada através da fórmula dada:

$$\text{Sobrevivência \%} = \frac{\text{Número de estacas que sobreviveram aos 120 DAP}}{\text{Número de estacas germinadas}} \times 100$$

II.30 Análise estatística

Os dados, recolhidos para todos os caracteres envolvidos no estudo, foram submetidos ao escrutínio estatístico (análise) para uma interpretação adequada. Utilizou-se o método padrão de análise da técnica de variância apropriada para o desenho completamente aleatório com conceito fatorial, tal como descrito por Gomez e Gomez (1984). Os dados foram analisados com a ajuda técnica recebida do centro informático do Departamento de Estatística, N.M.C.A, N.A.U. e Navsari. Foram calculados os erros-padrão adequados (S. Em. ±) em cada caso e a diferença crítica (C.D.) ao nível de cinco por cento. O coeficiente de variação percentual (C.V. %) foi também calculado para todos os casos.

IV RESULTADOS EXPERIMENTAIS

Uma investigação de campo intitulada **"Efeito do tipo de corte e reguladores de crescimento no enraizamento da maçã Wax (*Syzygium samarangense* L.)"** foi conduzida durante 2015-16 na Estação Experimental Agrícola (AES), Universidade Agrícola de Navsari, Paria, Dist- Valsad. Um experimento composto por dois fatores (1) Tipos de corte (corte de madeira dura e semidura) e (2) Reguladores de crescimento (IBA 5000 ppm, IBA 7500 ppm, NAA 5000 ppm, NAA 7500 ppm, IBA 5000 + NAA 5000 ppm, IBA 5000 + NAA 7500 ppm, IBA 7500 + NAA 5000 ppm, IBA 7500 + NAA 7500 ppm) em Design Completamente Aleatório com Conceito Fatorial e repetido três vezes em condições de casa de rede. Os dados registados sobre vários aspectos foram tabulados e sujeitos a análise estatística. Os resultados relativos a cada aspeto foram apresentados e descritos juntamente com as inferências estatísticas nos seguintes pontos.

II.31 Dias necessários para a primeira germinação

II.32 Número de rebentos por corte

II.33 Número de folhas por planta

II.34 Comprimento do rebento mais comprido (cm)

II.35 Diâmetro do rebento mais comprido (cm)

II.36 Peso fresco da planta (g)

II.37 Peso seco da planta (g)

II.38 Área foliar total (cm)^2

II.39 Número de raízes por estaca

II.40 Comprimento da raiz (cm)

II.41 Peso fresco da raiz (g)

II.42 Peso seco da raiz (g)

II.43 Percentagem de sobrevivência

II.44 Dias necessários para a primeira germinação

Os dados relativos ao número de dias necessários para o primeiro brotamento de estacas de macieira, influenciados por diferentes tipos de estacas e reguladores de crescimento, são apresentados no Quadro 4.1 e representados graficamente na Fig. 1.

4.1.1 Efeito dos tipos de estacas

Os dados (Quadro 4.1) relativos ao tipo de estacas influenciaram significativamente o número de dias necessários para a primeira germinação. O número mínimo de dias (12,55 dias) para a primeira germinação foi registado no corte de madeira dura (P1), enquanto que o número máximo de dias (14,21 dias) foi registado no corte de madeira semi-dura (P2).

4.1.2 Efeito dos reguladores de crescimento

A leitura dos dados apresentados na Tabela 4.1 indica claramente que o número de dias necessários para a primeira brotação foi significativamente diferente devido a diferentes concentrações de reguladores de crescimento. Entre as diferentes concentrações de IBA e NAA, o número mínimo de dias (8,29 dias) necessários para a germinação foi registado em IBA 5000 + NAA 5000 ppm (G5) seguido de IBA 7500 + NAA 5000 ppm (G7). Enquanto que o máximo de dias (20,30 dias) para a primeira germinação foi observado no controlo (G9).

Quadro 4.1: Efeito dos tipos de corte e dos reguladores de crescimento no número de dias decorridos até ao primeiro rebento da macieira-cera

^\Tipos de corte (P) Reguladores de crescimento (G)	Corte de madeira de folhosas (P1)	Corte de madeira semi-dura (P2)	Média
G1- IBA 5000 ppm	11.02	12.45	11.74
G2 - IBA 7500 ppm	11.37	12.67	12.02
G3 - NAA 5000 ppm	14.00	15.02	14.51
G4- NAA 7500 ppm	14.58	16.11	15.35
G5 - IBA 5000 + NAA 5000 ppm	7.23	9.35	8.29
G6- IBA 5000 + NAA 7500 ppm	12.02	14.20	13.11
G7- IBA 7500 + NAA 5000 ppm	10.32	12.00	11.16
G8- IBA 7500 + NAA 7500 ppm	13.03	14.87	13.95
G9- Controlo	19.35	21.24	20.30
Média	12.55	14.21	
	S.Em. +	CD a 5 %	CV %
P	0.06	0.16	
G	0.12	0.34	2.16
P x G	0.17	0.48	

Fig. 4.1: Efeito dos tipos de corte e dos reguladores de crescimento sobre o número de dias necessários para a primeira brotação da maçã para cera

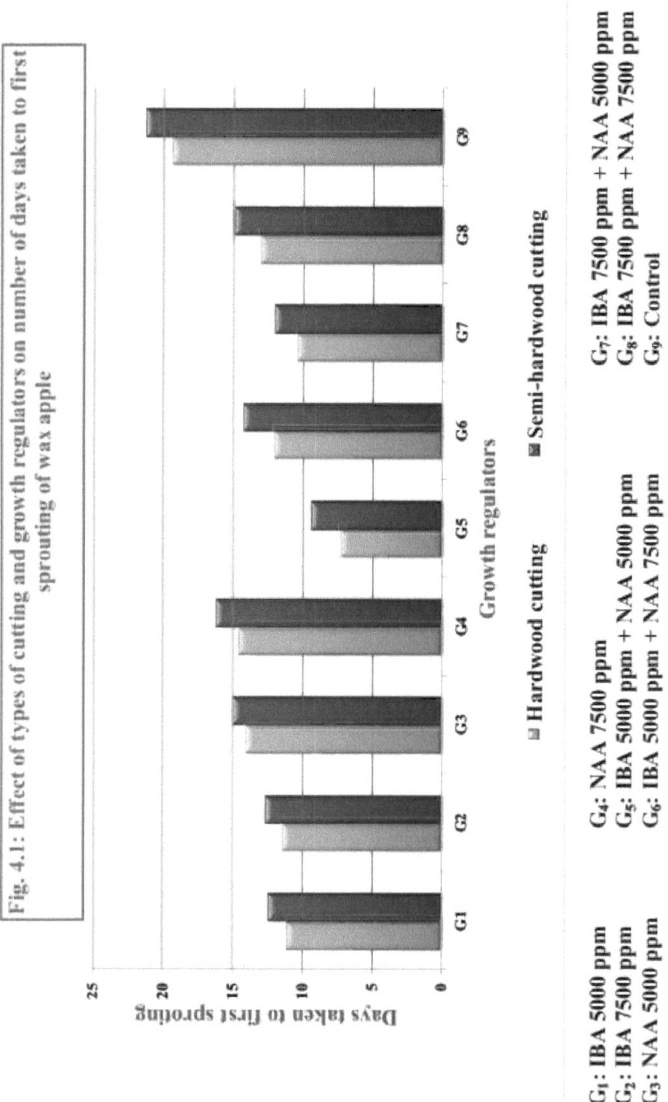

4.1.3 Efeito de interação

Os dados apresentados na Tabela 4.1 indicam claramente que a interação entre os tipos de corte e os diferentes reguladores de crescimento para o número de dias necessários para o brotamento foi encontrada significativamente.

Significativamente, o mínimo de dias (7,23 dias) para a primeira brotação foi observado em estacas de madeira dura quando foram tratadas com IBA 5000 ppm + NAA 5000 ppm (P_1G_5) seguido por estacas de madeira semi-dura + IBA 5000 + NAA 5000 ppm (P_2G_5). No entanto, registou-se um máximo significativo (21,24 dias) de dias para a primeira germinação quando as estacas de madeira semi-dura não foram tratadas com reguladores de crescimento, *ou seja*, controlo (P_2G_9).

II.45 Número de rebentos por corte

As observações registadas sobre o número de rebentos por corte na maçã de cera aos 30, 60, 90 e 120 DAP, influenciadas por diferentes tipos de corte e reguladores de crescimento, são apresentadas nos Quadros 4.2 a 4.5 e ilustradas graficamente na Fig. 2 aos 120 DAP.

4.2.1 Efeito dos tipos de estacas

Os dados relativos ao número de rebentos por estaca de macieira-cera aos 30, 60, 90 e 120 DAP, apresentados nos quadros 4.2 a 4.5, revelam claramente diferenças significativas. O número máximo de rebentos por estaca de macieira-cera aos 30, 60, 90 e 120 DAP (2,77, 4,67, 5,97 e 7,27, respetivamente) foi observado na estaca de folhosas (P_1).

Quadro 4.2: Efeito dos tipos de corte e dos reguladores de crescimento no número de rebentos por corte de maçã para cera (30 DAP)

Tipos de corte (P) / Reguladores de crescimento (G)	Corte de madeira de folhosas (P_1)	Corte de madeira semi-dura (P_2)	Média
G_1- IBA 5000 ppm	3.12	2.47	2.80
G_2 - IBA 7500 ppm	2.87	2.41	2.64
G_3 - NAA 5000 ppm	2.31	2.14	2.23
G_4- NAA 7500 ppm	2.21	2.07	2.14
G_5 - IBA 5000 + NAA 5000 ppm	4.74	4.03	4.39
G_6- IBA 5000 + NAA 7500 ppm	2.55	2.27	2.41
G_7 - IBA 7500 + NAA 5000 ppm	3.64	2.67	3.16
G_8- IBA 7500 + NAA 7500 ppm	2.37	2.17	2.27
G_9- Controlo	1.09	1.02	1.06
Média	2.77	2.36	
	S.Em. +	CD a 5 %	CV %
P	0.023	0.065	
G	0.048	0.137	4.57
P x G	0.068	0.194	

Tabela 4.3: Efeito dos tipos de corte e dos reguladores de crescimento no número de rebentos por corte de maçã de cera (60 DAP)

Tipos de corte (P) Reguladores de crescimento (G)	Corte de madeira de folhosas (P1)	Corte de madeira semi-dura (P2)	Média
G1- IBA 5000 ppm	5.65	4.54	5.10
G2 - IBA 7500 ppm	5.11	4.12	4.62
G3 - NAA 5000 ppm	3.67	3.24	3.46
G4- NAA 7500 ppm	3.45	3.00	3.23
G5 - IBA 5000 + NAA 5000 ppm	7.14	6.48	6.81
G6- IBA 5000 + NAA 7500 ppm	4.72	3.54	4.13
G7- IBA 7500 + NAA 5000 ppm	6.03	4.87	5.45
G8- IBA 7500 + NAA 7500 ppm	4.00	3.31	3.66
G9- Controlo	2.23	2.00	2.12
Média	4.67	3.90	
	S.Em. +	CD a 5 %	CV %
P	0.04	0.11	
G	0.08	0.24	4.72
P x G	0.12	0.33	

Tabela 4.4: Efeito dos tipos de corte e dos reguladores de crescimento no número de rebentos por corte de maçã de cera (90 DAP)

Tipos de corte (P) Reguladores de crescimento (G)	Corte de madeira de folhosas (Pi)	Corte de madeira semi-dura (P2)	Média
G1- IBA 5000 ppm	6.74	5.86	6.30
G2 - IBA 7500 ppm	6.70	5.78	6.24
G3 - NAA 5000 ppm	4.81	4.27	4.54
G4- NAA 7500 ppm	4.51	4.01	4.26
G5 - IBA 5000 + NAA 5000 ppm	9.00	8.12	8.56
G6- IBA 5000 + NAA 7500 ppm	5.94	4.58	5.26
G7 - IBA 7500 + NAA 5000 ppm	7.75	6.10	6.93
G8- IBA 7500 + NAA 7500 ppm	5.34	4.32	4.83
G9- Controlo	2.98	2.78	2.88
Média	5.97	5.09	
	S.Em. +	CD a 5 %	CV %
P	0.04	0.11	
G	0.08	0.24	3.66
P x G	0.12	0.33	

Quadro 4.5: Efeito dos tipos de corte e dos reguladores de crescimento no número de rebentos por corte de maçã para cera (120 DAP)

^""\Tipos de corte (P) Reguladores de crescimento (G)^\^^	Corte de madeira de folhosas (P1)	Corte de madeira semi-dura (P2)	Média
Gi- IBA 5000 ppm	8.78	6.48	7.63
G2 - IBA 7500 ppm	7.89	6.40	7.15
G3 - NAA 5000 ppm	6.00	5.28	5.64
G4- NAA 7500 ppm	5.63	5.02	5.33
G5 - IBA 5000 + NAA 5000 ppm	11.03	10.01	10.52
G6- IBA 5000 + NAA 7500 ppm	6.87	5.81	6.34
G7- IBA 7500 + NAA 5000 ppm	8.92	7.54	8.23
G8- IBA 7500 + NAA 7500 ppm	6.32	5.38	5.85
G9- Controlo	3.48	3.04	3.26
Média	7.21	6.11	
	S.Em. +	CD a 5 %	CV %
P	0.029	0.082	
G	0.061	0.175	2.24
P x G	0.086	0.247	

Fig. 4.2: Efeito dos tipos de corte e dos reguladores de crescimento no número de rebentos por corte de maçã para cera (120 DAP)

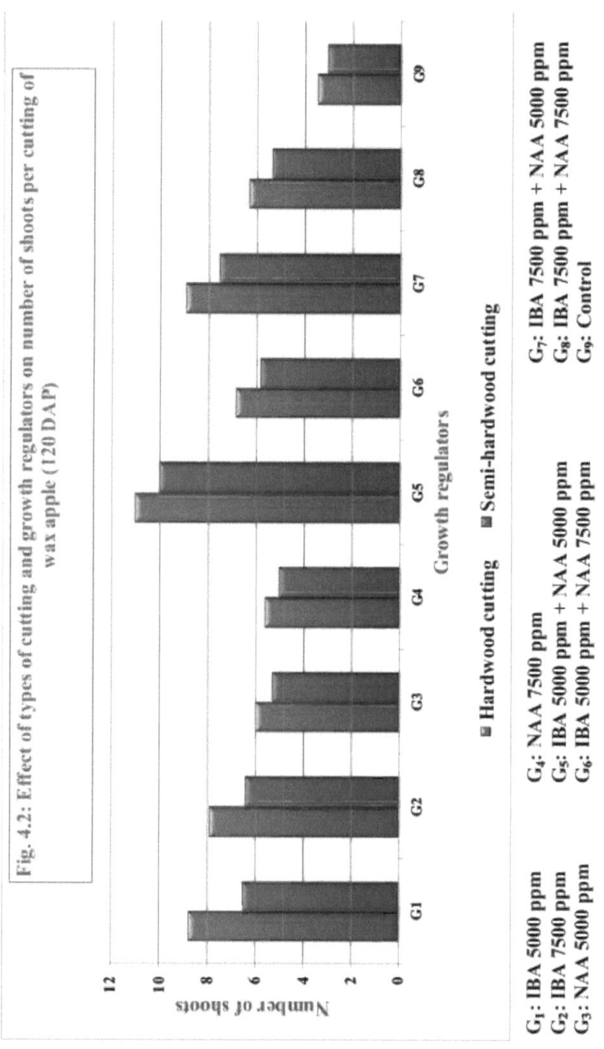

4.2.2 Efeito dos reguladores de crescimento

Os dados indicaram que os diferentes reguladores de crescimento tiveram uma influência significativa no número de rebentos por corte (Quadro 4.2 a 4.5). Entre os diferentes reguladores de crescimento, o número máximo de rebentos por estaca de maçã para cera aos 30, 60, 90 e 120 DAP (4,39, 6,81, 8,56 e 10,52, respetivamente) foi registado quando as estacas foram tratadas com IBA 5000 + NAA 5000 ppm (G5) seguido de IBA 7500 + NAA 5000 ppm (G7). Enquanto que, significativamente, o número mínimo de rebentos por estaca aos 30, 60, 90 e 120 DAP (1.06, 2.12, 2.88 e 3.26, respetivamente) foi observado no controlo (G9).

4.2.3 Efeito de interação

Os dados apresentados nos quadros 4.2 a 4.5 mostram claramente que a interação entre os tipos de estaca e os diferentes reguladores de crescimento teve um efeito significativo no número de rebentos por estaca. O número mais alto de rebentos por estaca aos 30, 60, 90 e 120 DAP (4.74, 7.14, 9.00 e 11.03, respetivamente) foi encontrado em estacas de folhosas quando foram tratadas com IBA 5000 + NAA 5000 ppm (P1G5) seguido por estacas de folhosas semi-duras quando foram tratadas com IBA 5000 + NAA 5000 ppm (P2G5). No entanto, o número mínimo de rebentos por estaca foi registado de forma significativa quando as estacas semi-lenhosas não foram tratadas, ou seja, controlo (P2G9) aos 30, 60, 90 e 120 DAP (1,02, 2,00, 2,78 e 3,04, respetivamente).

II.46 Número de folhas por corte

As observações registadas sobre o número de folhas em estacas de macieira de cera aos 30, 60, 90 e 120 DAP como influenciadas por diferentes tipos de corte e regulador dc crescimento são apresentadas nos Quadros 4.6 a 4.9 e ilustradas graficamente na Fig. 3 aos 120 DAP.

4.3.1 Efeito dos tipos de estacas

Os dados (Quadro 4.6 a 4.9) relativos ao tipo de estacas influenciaram significativamente o número de folhas por estaca de estacas de macieira-cera aos 30, 60, 90 e 120 DAP. O número máximo de rebentos por estaca de macieira aos 30, 60, 90 e 120 DAP foi significativamente observado (9,30, 12,12, 14,47 e 19,05, respetivamente) na estaca de madeira dura (P1).

4.3.2 Efeito dos reguladores de crescimento

Os dados apresentados nos quadros 4.6 a 4.9 indicam claramente que houve uma diferença significativa no número de folhas devido aos diferentes reguladores de crescimento. O número máximo de folhas por estaca de maçã para cera aos 30, 60, 90 e 120 DAP (15.50, 21.00, 24.55 e 30.00, respetivamente) foi significativamente registado quando as estacas foram tratadas com IBA 5000 + NAA 5000 ppm (G5) seguido de IBA 7500 + NAA 5000 ppm (G7). Enquanto que, significativamente, o número mínimo de folhas por corte aos 30, 60, 90 e 120 DAP (3.17, 5.16, 6.95 e 8.84, respetivamente) foi observado no controlo (G9).

4.3.3 Efeito de interação

Os dados apresentados nos Quadros 4.6 a 4.9 mostram que a interação entre os tipos de corte e os diferentes reguladores de crescimento tem um efeito significativo no número de folhas por corte. O número máximo de folhas por corte aos 30, 60, 90 e 120 DAP foi encontrado (17.00, 24.00, 27.00 e 34.00, respetivamente) na madeira de lei

Tabela 4.6: Efeito dos tipos de corte e dos reguladores de crescimento no número de folhas por planta da maçã de cera (30 DAP)

Tipos de corte (P) Reguladores de crescimento (G)	Corte de madeira de folhosas (P_1)	Corte de madeira semi-dura (P_2)	Média
G_1- IBA 5000 ppm	12.23	8.33	10.28
G2 - IBA 7500 ppm	10.14	7.52	8.83
G3 - NAA 5000 ppm	6.08	5.00	5.54
G_4- NAA 7500 ppm	5.64	4.97	5.31
G5 - IBA 5000 + NAA 5000 ppm	17.00	14.00	15.50
G_6- IBA 5000 + NAA 7500 ppm	9.12	6.00	7.56
G_7- IBA 7500 + NAA 5000 ppm	13.12	9.48	11.30
G_8- IBA 7500 + NAA 7500 ppm	7.02	5.34	6.18
G_9- Controlo	3.32	3.02	3.17
Média	9.30	7.07	
	S.Em. +	CD a 5 %	CV %
P	0.07	0.20	
G	0.15	0.43	4.50
P x G	0.21	0.61	

Quadro 4.7: Efeito dos tipos de corte e dos reguladores de crescimento no número de folhas por planta de maçã de cera (60 DAP)

Tipos de corte (P) Reguladores de crescimento (G)	Corte de madeira de folhosas (P_1)	Corte de madeira semi-dura (P_2)	Média
G_1- IBA 5000 ppm	14.23	10.21	12.22
G2 - IBA 7500 ppm	11.13	10.00	10.57
G3 - NAA 5000 ppm	9.68	9.03	9.36
G_4- NAA 7500 ppm	9.17	9.00	9.09
G5 - IBA 5000 + NAA 5000 ppm	24.00	18.00	21.00
G_6- IBA 5000 + NAA 7500 ppm	10.32	9.22	9.77
G_7- IBA 7500 + NAA 5000 ppm	15.43	11.01	13.22
G_8- IBA 7500 + NAA 7500 ppm	9.87	9.07	9.47
G_9- Controlo	5.23	5.09	5.16
Média	12.12	10.07	

	S.Em. +	CD a 5 %	CV %
P	0.07	0.20	
G	0.15	0.43	3.32
P x G	0.21	0.61	

Quadro 4.8: Efeito dos tipos de corte e dos reguladores de crescimento no número de folhas por planta da macieira (90 DAP)

Tipos de corte (P) Reguladores de crescimento (G)	Corte de madeira de folhosas (P_i)	Madeira semi-dura corte (P)$_2$	Média
G_i- IBA 5000 ppm	18.21	11.45	14.83
G2 - IBA 7500 ppm	16.00	11.02	13.51
G3 - NAA 5000 ppm	10.43	9.00	9.72
G_4- NAA 7500 ppm	9.88	8.78	9.33
G5 - IBA 5000 + NAA 5000 ppm	27.00	22.10	24.55
G_6- IBA 5000 + NAA 7500 ppm	12.00	10.23	11.12
G_7 - IBA 7500 + NAA 5000 ppm	19.00	13.12	16.06
G_8- IBA 7500 + NAA 7500 ppm	10.67	9.31	9.99
G_9- Controlo	7.02	6.88	6.95
Média	14.47	11.32	
	S.Em. +	CD a 5 %	CV %
P	0.11	0.32	
G	0.24	0.69	4.56
P x G	0.34	0.97	

Quadro 4.9: Efeito dos tipos de corte e dos reguladores de crescimento no número de folhas por planta de maçã de cera (120 DAP)

Tipos de corte (P) Reguladores de crescimento (G)	Corte de madeira de folhosas (P_1)	Corte de madeira semi-dura (P_2)	Média
G_i- IBA 5000 ppm	21.00	20.14	20.57
G2 - IBA 7500 ppm	20.00	19.12	19.56
G3 - NAA 5000 ppm	14.24	13.01	13.63
G_4- NAA 7500 ppm	13.12	13.00	13.06
G5 - IBA 5000 + NAA 5000 ppm	34.00	26.00	30.00
G_6- IBA 5000 + NAA 7500 ppm	19.00	14.14	16.57
G_7- IBA 7500 + NAA 5000 ppm	24.00	17.00	20.50
G_8- IBA 7500 + NAA 7500 ppm	17.12	13.07	15.10
G_9- Controlo	9.00	8.67	8.84
Média	19.05	16.02	

	S.Em. +	CD a 5 %	CV %
P	0.010	0.029	
G	0.022	0.062	0.30
P x G	0.031	0.088	

Fig. 4.3: Efeito dos tipos de corte e dos reguladores de crescimento no número de folhas por planta da maçã de cera (120 DAP)

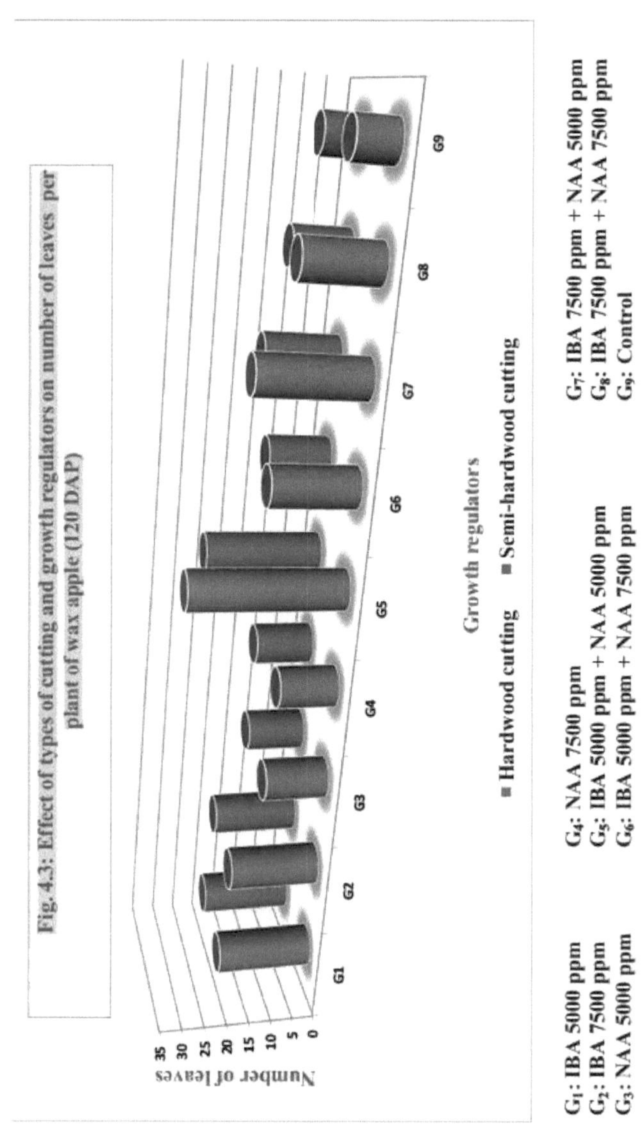

O número mínimo de folhas por estaca foi registado quando as estacas de madeira semidura foram tratadas com IBA 5000 + NAA 5000 ppm (P1G5). No entanto, foi registado um número mínimo de folhas por estaca quando as estacas de madeira semi-dura não foram tratadas com regulador de crescimento, ou seja, controlo (P2G9) aos 30, 60, 90 e 120 DAP (3,02, 5,09, 6,88 e 8,67, respetivamente).

4.4 Comprimento do rebento mais comprido (cm)

As observações registadas sobre o comprimento do rebento mais comprido das estacas de macieira de cera aos 30, 60, 90 e 120 DAP, influenciadas por diferentes tipos de estacas e reguladores de crescimento, são apresentadas nos Quadros 4.10 a 4.13 e ilustradas graficamente na Fig. 4 aos 120 DAP.

4.4.1 Efeito dos tipos de estacas

Os dados relacionados com o comprimento do rebento da maçã encerada apresentados nos quadros 4.10 a 4.13 mostram claramente um efeito significativo aos 30, 60, 90 e 120 DAP. O comprimento máximo do rebento mais longo da macieira-cera aos 30, 60, 90 e 120 DAP (5,08, 7,16, 8,76 e 9,91 cm, respetivamente) foi observado no corte de folhosas (P1).

4.4.2 Efeito dos reguladores de crescimento

A leitura dos dados relativos aos diferentes reguladores de crescimento revelou diferenças significativas no comprimento do rebento mais longo (Quadro 4.10 a 4.13). O comprimento máximo do rebento mais longo da maçã para cera aos 30, 60, 90 e 120 DAP (7.34, 9.43, 11.41 e 13.02 cm, respetivamente) foi registado quando as estacas foram tratadas com IBA 5000 + NAA 5000 ppm (G5) seguido de IBA 7500 + NAA 5000 ppm (G_7). Enquanto que, significativamente, o comprimento mínimo das estacas mais longas

Quadro 4.10: Efeito dos tipos de corte e dos reguladores de crescimento no comprimento do rebento mais comprido (cm) da maçã de cera (30 DAP)

^\Tipos de corte (P) Reguladores de crescimento (G)	Corte de madeira de folhosas (P1)	Corte de madeira semi-dura (P2)	Média
Gi- IBA 5000 ppm	6.34	5.04	5.69
G2 - IBA 7500 ppm	5.23	4.88	5.06
G3 - NAA 5000 ppm	4.23	3.70	3.97
G4- NAA 7500 ppm	3.90	3.51	3.71
G5 - IBA 5000 + NAA 5000 ppm	7.63	7.04	7.34
G6-IBA 5000 + NAA 7500 ppm	5.07	4.03	4.55
G7-IBA 7500 + NAA 5000 ppm	6.67	5.14	5.91
G8- IBA 7500 + NAA 7500 ppm	4.34	3.78	4.06

G9- Controlo	2.34	2.08	2.21
Média	5.08	4.36	
	S.Em. +	CD a 5 %	CV %
P	0.05	0.14	
G	0.10	0.29	5.21
P x G	0.14	0.41	

Quadro 4.11: Efeito dos tipos de corte e dos reguladores de crescimento no comprimento do rebento mais comprido (cm) da maçã de cera (60 DAP)

Tipos de corte (P) Reguladores de crescimento (G)"^^^	Corte de madeira de folhosas (P1)	Corte de madeira semi-dura (P2)	Média
G1- IBA 5000 ppm	8.45	7.11	7.78
G2 - IBA 7500 ppm	7.52	6.98	7.25
G3 - NAA 5000 ppm	6.54	5.89	6.22
G4- NAA 7500 ppm	6.21	5.45	5.83
G5 - IBA 5000 + NAA 5000 ppm	9.82	9.04	9.43
G6- IBA 5000 + NAA 7500 ppm	7.24	6.34	6.79
G7-IBA 7500 + NAA 5000 ppm	8.67	7.45	8.06
G8-IBA 7500 + NAA 7500 ppm	6.67	6.02	6.35
G9- Controlo	3.34	3.03	3.19
Média	7.16	6.37	
	S.Em. +	CD a 5 %	CV %
P	0.008	0.024	
G	0.018	0.051	0.64
P x G	0.025	0.072	

Quadro 4.12: Efeito dos tipos de corte e dos reguladores de crescimento no comprimento do rebento mais comprido (cm) da maçã para cera (90 DAP)

^^^Tipos de corte (P) Reguladores de crescimento (G)^"-^^	Corte de madeira de folhosas (P1)	Corte de madeira semi-dura (P2)	Média
G1- IBA 5000 ppm	10.21	8.56	9.39
G2 - IBA 7500 ppm	9.34	8.45	8.90
G3 - NAA 5000 ppm	8.02	6.87	7.45
G4- NAA 7500 ppm	7.34	6.56	6.95
G5 - IBA 5000 + NAA 5000 ppm	11.81	11.00	11.41
G6- IBA 5000 + NAA 7500 ppm	9.02	7.71	8.37
G7 - IBA 7500 + NAA 5000 ppm	10.45	9.11	9.78
G8- IBA 7500 + NAA 7500 ppm	8.34	7.23	7.79

	4.35	4.02	4.19
G9-Controlo	4.35	4.02	4.19
Média	8.76	7.72	
	S.Em. +	CD a 5 %	CV %
P	0.05	0.15	
G	0.11	0.32	3.30
P x G	0.16	0.45	

Quadro 4.13: Efeito dos tipos de corte e dos reguladores de crescimento no comprimento do rebento mais comprido (cm) da maçã para cera (120 DAP)

Tipos de corte (P) Regulador de crescimento (G)	Corte de madeira de folhosas (P_1)	Corte de madeira semi-dura (P_2)	Média
G1-IBA 5000 ppm	11.67	9.56	10.61
G2 - IBA 7500 ppm	10.53	9.21	9.87
G3 - NAA 5000 ppm	9.02	7.65	8.34
G4-NAA 7500 ppm	8.22	7.45	7.83
G5 - IBA 5000 + NAA 5000 ppm	13.40	12.65	13.02
G6-IBA 5000 + NAA 7500 ppm	9.79	8.34	9.06
G7-IBA 7500 + NAA 5000 ppm	12.03	10.12	11.08
G8-IBA 7500 + NAA 7500 ppm	9.09	7.96	8.53
G9-Controlo	5.41	5.09	5.25
Média	9.91	8.67	
	S.Em. +	CD a 5 %	CV %
P	0.03	0.10	
G	0.07	0.21	1.95
P x G	0.10	0.30	

Fig. 4.4: Efeito dos tipos de corte e dos reguladores de crescimento no comprimento do rebento mais longo (cm) da maçã de cera (120 DAP)

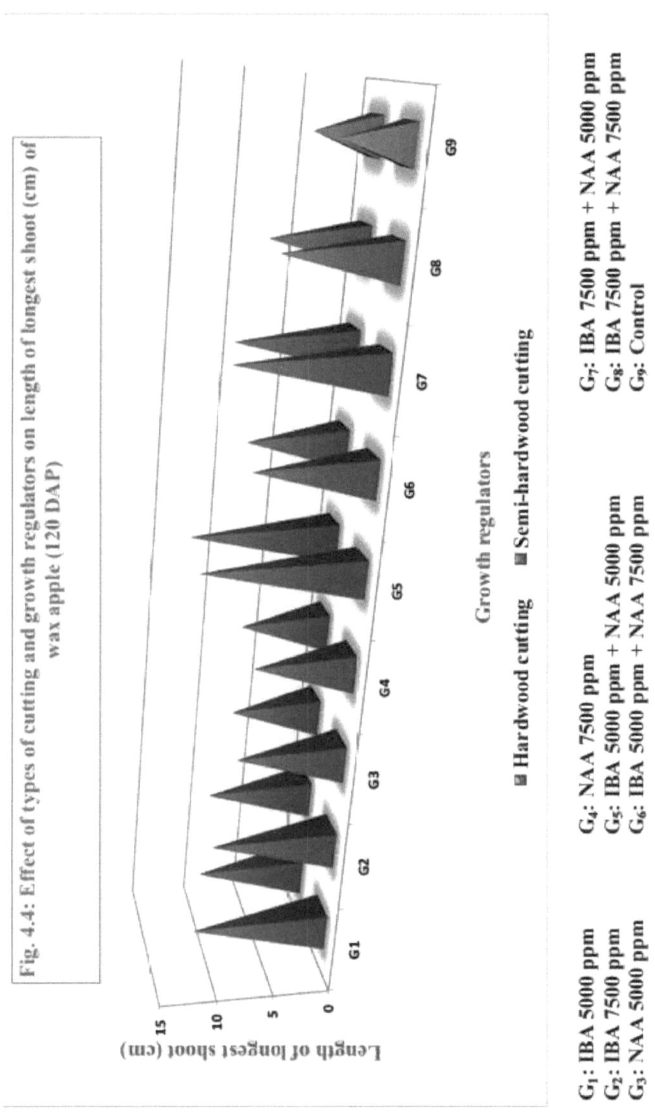

Os rebentos de 30, 60, 90 e 120 DAP (2,21, 3,19, 4,19 e 5,25 cm, respetivamente) foram observados no controlo (G_9).

4.4.3 Efeito de interação

Os dados apresentados na Tabela 4.10 a 4.13 mostram que a interação entre tipos de corte e diferentes reguladores de crescimento mostrou um efeito significativo no comprimento do rebento mais longo. O comprimento máximo do rebento aos 30, 60, 90 e 120 DAP (7.63, 9.82, 11.81 e 13.40 cm, respetivamente) foi observado em estacas de madeira dura quando foram tratadas com IBA 5000 + NAA 5000 ppm (P1G5) seguido por estacas de madeira semi-dura + IBA 5000 + NAA 5000 ppm (P2G5). No entanto, o comprimento mínimo do rebento mais longo foi registado quando as estacas de madeira semi-dura não foram tratadas com quaisquer reguladores de crescimento, *ou seja*, controlo (P2G9) aos 30, 60, 90 e 120 DAP (2,08, 3,03, 4,02 e 5,09 cm, respetivamente), o que foi igual ao P1G9 aos 90 DAP.

4.5 Diâmetro do rebento mais comprido (cm)

As observações registadas sobre o diâmetro do rebento mais comprido das estacas de macieira encerada aos 30, 60, 90 e 120 DAP, influenciadas por diferentes tipos de estacas e reguladores de crescimento, são apresentadas nos Quadros 4.14 a 4.17 e representadas graficamente na Fig. 5 aos 120 DAP.

4.5.1 Efeito dos tipos de estacas

Os dados relativos ao diâmetro do rebento mais longo do corte de macieira-cera aos 30, 60, 90 e 120 DAP apresentados nos quadros 4.14 a 4.17 revelam claramente diferenças significativas. Significativamente, o diâmetro máximo do rebento mais longo da maçã cortada aos 30, 60, 90 e 120 DAP (0.21, 0.22, 0.29 e
0,34 cm, respetivamente) foram observados no corte de folhosas (P1).

4.5.2 Efeito dos reguladores de crescimento

Os dados indicaram que os diferentes reguladores de crescimento tiveram influência significativa no diâmetro do rebento mais longo (Tabela 4.14 a 4.17). O diâmetro máximo do rebento mais longo da maçã para cera aos 30, 60, 90 e 120 DAP (0,26, 0,30, 0,36 e 0,42 cm, respetivamente) foi registado quando o corte foi tratado com IBA 5000 + NAA 5000 ppm (G5) seguido de IBA 7500 + NAA 5000 ppm (G7). Enquanto que o diâmetro mínimo médio do rebento mais longo aos 30, 60, 90 e 120 DAP (0.12, 0.14, 0.16 e 0.21 cm, respetivamente) foi registado no controlo (G9).

4.5.3 Efeito de interação

Os dados apresentados na Tabela 4.14 a 4.17 revelaram que a interação entre tipos de corte e reguladores de crescimento mostrou um efeito significativo no diâmetro do rebento mais longo. O diâmetro máximo do rebento mais longo aos 30, 60, 90 e 120 DAP (0.28, 0.30, 0.37 e 0.41 cm, respetivamente) foi observado em estacas de madeira dura quando foram tratadas com IBA 5000 + NAA 5000 ppm (P1G5). Enquanto o tratamento P1G5 foi igual ao P2G5 aos 90 DAP e P1G5, P1G7 e P1G1 aos 120 DAP. No entanto, o diâmetro mínimo do rebento mais longo aos 30, 60, 90 e 120 DAP (0,11, 0,12, 0,15 e 0,20 cm, respetivamente) foi encontrado no tratamento P2G9, que foi igual ao tratamento P1G9 aos 60, 90 e 120 DAP.

Quadro 4.14: Efeito dos tipos de corte e dos reguladores de crescimento no diâmetro do rebento mais comprido (cm) da macieira (30 DAP)

Tipos de corte (P) Reguladores de crescimento (G)	Corte de madeira de folhosas (P1)	Corte de madeira semi-dura (P2)	Média
G1- IBA 5000 ppm	0.23	0.20	0.22
G2 - IBA 7500 ppm	0.22	0.20	0.21
G3 - NAA 5000 ppm	0.21	0.13	0.17
G4- NAA 7500 ppm	0.21	0.13	0.17
G5 - IBA 5000 + NAA 5000 ppm	0.28	0.25	0.26
G6- IBA 5000 + NAA 7500 ppm	0.22	0.16	0.19
G7- IBA 7500 + NAA 5000 ppm	0.24	0.22	0.23
G8- IBA 7500 + NAA 7500 ppm	0.20	0.14	0.17
G9- Controlo	0.12	0.11	0.12
Média	0.21	0.17	
	S.Em. +	CD a 5 %	CV %
P	0.00	0.00	
G	0.00	0.01	4.15
P x G	0.00	0.01	

Quadro 4.15: Efeito dos tipos de corte e dos reguladores de crescimento no diâmetro do rebento mais comprido (cm) da macieira (60 DAP)

Tipos de corte (P) Reguladores de crescimento (G)	Corte de madeira de folhosas (P1)	Corte de madeira semi-dura (P2)	Média
G1- IBA 5000 ppm	0.26	0.22	0.24
G2 - IBA 7500 ppm	0.24	0.21	0.23
G3 - NAA 5000 ppm	0.19	0.14	0.17
G4- NAA 7500 ppm	0.17	0.14	0.16
G5 - IBA 5000 + NAA 5000 ppm	0.30	0.29	0.30
G6- IBA 5000 + NAA 7500 ppm	0.23	0.17	0.20
G7- IBA 7500 + NAA 5000 ppm	0.28	0.23	0.26
G8- IBA 7500 + NAA 7500 ppm	0.19	0.15	0.17
G9- Controlo	0.16	0.12	0.14
Média	0.22	0.18	
	S.Em. +	CD a 5 %	CV %
P	0.0019	0.0055	4.95

	0.0041	0.0117	
G	0.0041	0.0117	
P x G	0.0058	0.0166	

Quadro 4.16: Efeito dos tipos de corte e dos reguladores de crescimento no diâmetro do rebento mais comprido (cm) da macieira (90 DAP)

^\Tipos de corte (P) Reguladores de crescimento (G)	Corte de madeira de folhosas (P1)	Corte de madeira semi-dura (P2)	Média
G1- IBA 5000 ppm	0.34	0.29	0.32
G2 - IBA 7500 ppm	0.32	0.28	0.30
G3 - NAA 5000 ppm	0.26	0.22	0.24
G4- NAA 7500 ppm	0.25	0.21	0.23
G5 - IBA 5000 + NAA 5000 ppm	0.37	0.35	0.36
G6- IBA 5000 + NAA 7500 ppm	0.31	0.25	0.28
G7- IBA 7500 + NAA 5000 ppm	0.34	0.31	0.32
G8- IBA 7500 + NAA 7500 ppm	0.28	0.24	0.26
G9- Controlo	0.17	0.15	0.16
Média	0.29	0.26	
	S.Em. +	CD a 5 %	CV %
P	0.002	0.006	
G	0.005	0.013	4.15
P x G	0.007	0.019	

Quadro 4.17: Efeito dos tipos de corte e dos reguladores de crescimento no diâmetro do rebento mais comprido (cm) da macieira (120 DAP)

Tipos de corte (P) Reguladores de crescimento (G)	Corte de madeira de folhosas (P1)	Corte de madeira semi-dura (P2)	Média
G1- IBA 5000 ppm	0.39	0.35	0.37
G2 - IBA 7500 ppm	0.40	0.34	0.37
G3 - NAA 5000 ppm	0.31	0.26	0.28
G4- NAA 7500 ppm	0.29	0.25	0.27
G5 - IBA 5000 + NAA 5000 ppm	0.41	0.42	0.42
G6- IBA 5000 + NAA 7500 ppm	0.35	0.31	0.33
G7- IBA 7500 + NAA 5000 ppm	0.40	0.36	0.38
G8- IBA 7500 + NAA 7500 ppm	0.32	0.28	0.30
G9- Controlo	0.23	0.20	0.21
Média	0.34	0.31	
	S.Em. +	CD a 5 %	CV %
P	0.003	0.009	4.93

G	0.007	0.019
P x G	0.009	0.027

Fig. 4.5: Efeito dos tipos de corte e dos reguladores de crescimento no diâmetro do rebento mais longo (cm) da macieira (120 DAP)

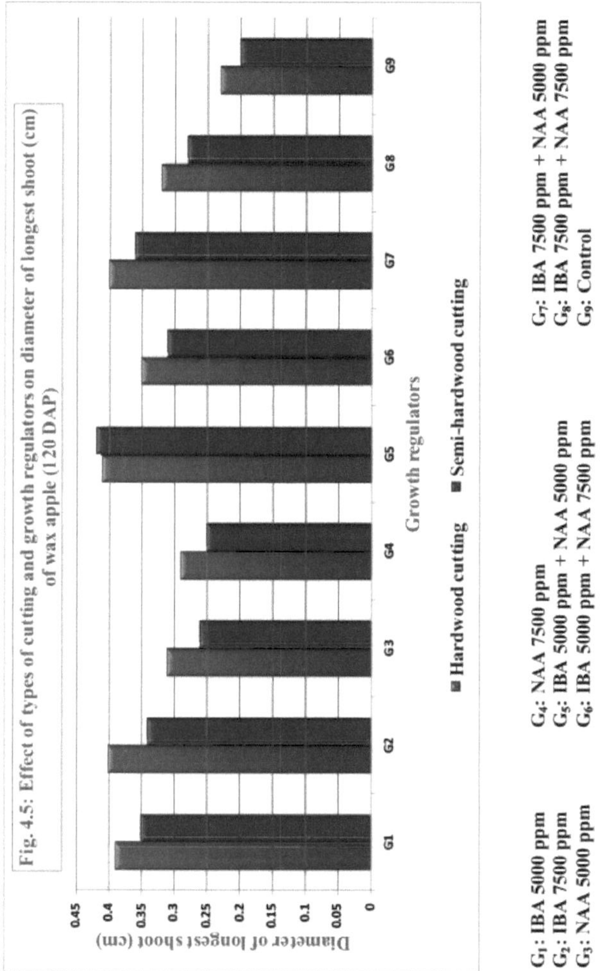

4.6 Peso fresco da planta (g) aos 120 dias

Os dados relativos ao peso fresco da planta (g) aos 120 DAP de estacas de macieira como influenciados por diferentes tipos de estacas e reguladores de crescimento são apresentados no Quadro 4.18 e representados graficamente na Fig. 6.

4.6.1 Efeito dos tipos de estacas

Os dados referentes ao tipo de estacas tiveram influência significativa no peso fresco da planta (g) aos 120 DAP apresentados na Tabela 4.18. O peso fresco máximo da planta (34,28 g) foi observado no corte de madeira dura (P_1).

4.6.2 Efeito dos reguladores de crescimento

A leitura dos dados relativos aos diferentes reguladores de crescimento teve influência significativa no peso fresco da planta (g) aos 120 DAP (Tabela 4.18). Entre as diferentes concentrações de IBA e NAA, o peso fresco máximo da planta (39,14 g) foi registado nas estacas tratadas com IBA 5000 + NAA 5000 ppm (G_5) e o peso fresco mínimo da planta (25,94 g) foi registado no controlo (G_9).

4.6.3 Efeito de interação

É óbvio a partir dos dados que as interacções entre os tipos de estacas e os diferentes reguladores de crescimento no peso fresco da planta foram significativamente diferentes. O peso fresco máximo da planta (40,41 g) foi observado em estacas de madeira dura quando foram tratadas com IBA 5000 + NAA 5000 ppm (P_1G_5), seguido por semi-

Quadro 4.18: Efeito dos tipos de corte e dos reguladores de crescimento no peso fresco da planta (g) de maçã para cera (120 DAP)

Quadro 4.18: Efeito dos tipos de corte e dos reguladores de crescimento no peso fresco da planta (g) de maçã para cera (120 DAP)

Tipos de corte (P) Reguladores de crescimento (G)	Madeira de lei corte (P_1)	Madeira semi-dura corte (P)$_2$	Média
G_1- IBA 5000 ppm	36.80	33.49	35.14
G2 - IBA 7500 ppm	34.38	34.23	34.30
G3 - NAA 5000 ppm	32.58	32.67	32.63
G_4- NAA 7500 ppm	32.22	32.65	32.44
G5 - IBA 5000 + NAA 5000 ppm	40.41	37.88	39.14
G_6- IBA 5000 + NAA 7500 ppm	33.79	33.05	33.42
G_7- IBA 7500 + NAA 5000 ppm	36.73	34.12	35.43
G_8- IBA 7500 + NAA 7500 ppm	33.70	32.59	33.15
G_9- Controlo	27.92	23.96	25.94
Média	34.28	32.74	
	S.Em. +	CD a 5 %	CV %
P	0.25	0.72	
G	0.53	1.53	3.91
P x G	0.76	2.17	

Fig.4.6: Efeito dos tipos de corte e reguladores de crescimento no peso fresco da planta (g) de maçã de cera (120 DAP)

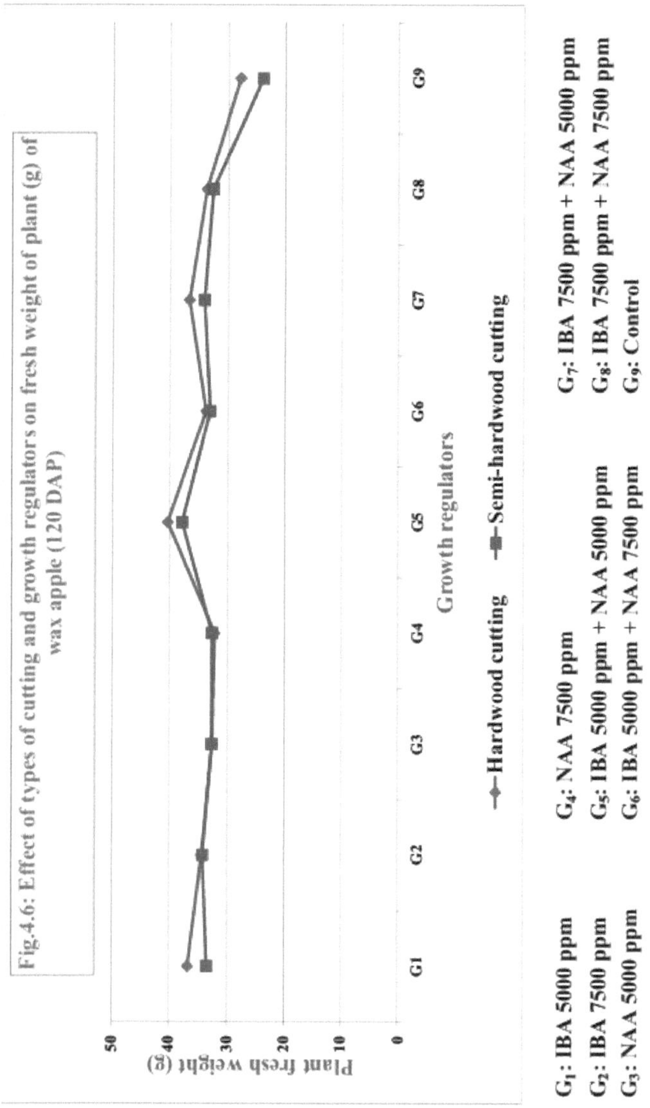

estaca de madeira dura + IBA 5000 + NAA 5000 ppm (P2G5). No entanto, o peso fresco mínimo da planta (23,96 g) foi registado no tratamento P2G9 (estacas semi-lenhosas + controlo).

4.7 Peso seco da planta (g) aos 120 dias

Os dados relativos ao peso seco da planta (g) aos 120 DAP de estacas de macieira como influenciados por diferentes tipos de estacas e reguladores de crescimento são apresentados no Quadro 4.19 e representados graficamente na Fig. 7.

4.7.1 Efeito dos tipos de estacas

Os dados relativos ao peso seco da planta (g) do corte de maçã para cera foram registados no Quadro 4.19 e mostraram claramente um efeito significativo. O peso seco máximo da planta (18,51 g) foi registado no corte de madeira dura (P_1).

4.7.2 Efeito dos reguladores de crescimento

Os dados relativos aos diferentes reguladores de crescimento tiveram influência significativa no peso seco da planta (g) aos 120 DAP (Tabela 4.19). Entre as diferentes concentrações de IBA e NAA, o peso seco máximo da planta (21,62 g) foi registado em estacas tratadas com IBA 5000 + NAA 5000 ppm (G_5) seguido de IBA 7500 + NAA 5000 ppm (G_7), enquanto o peso seco mínimo da planta (11,90 g) foi observado no controlo (G_9).

4.7.3 Efeito de interação

Os dados indicaram que as interacções entre tipos de corte e diferentes reguladores de crescimento no peso seco da planta tiveram um efeito significativo (Quadro 4.19). O peso seco máximo da planta (21,89 g) foi observado em estacas de madeira dura tratadas com IBA 5000 +

Quadro 4.19: Efeito dos tipos de corte e dos reguladores de crescimento no peso seco da planta (g) de maçã para cera (120 DAP)

^\Tipos de corte (P) Reguladores de crescimento (G)"'"\^	Corte de madeira de folhosas (P_1)	Corte de madeira semi-dura (P_2)	Média
G_1- IBA 5000 ppm	19.83	18.93	19.38
G2 - IBA 7500 ppm	19.72	18.32	19.02
G3 - NAA 5000 ppm	17.73	16.81	17.27
G_4- NAA 7500 ppm	16.93	16.17	16.55
G5 - IBA 5000 + NAA 5000 ppm	21.89	21.35	21.62
G_6- IBA 5000 + NAA 7500 ppm	19.25	17.11	18.18
G_7- IBA 7500 + NAA 5000 ppm	19.79	19.81	19.80
G_8- IBA 7500 + NAA 7500 ppm	17.97	16.92	17.44
G_9- Controlo	13.50	10.30	11.90
Média	18.51	17.30	
	S.Em. +	CD a 5 %	CV %
P	0.15	0.43	4.34

| G | 0.32 | 0.91 |
| P x G | 0.45 | 1.29 |

Fig.4.7: Efeito dos tipos de corte e dos reguladores de crescimento no peso seco da planta (g) de maçã para cera (120 DAP)

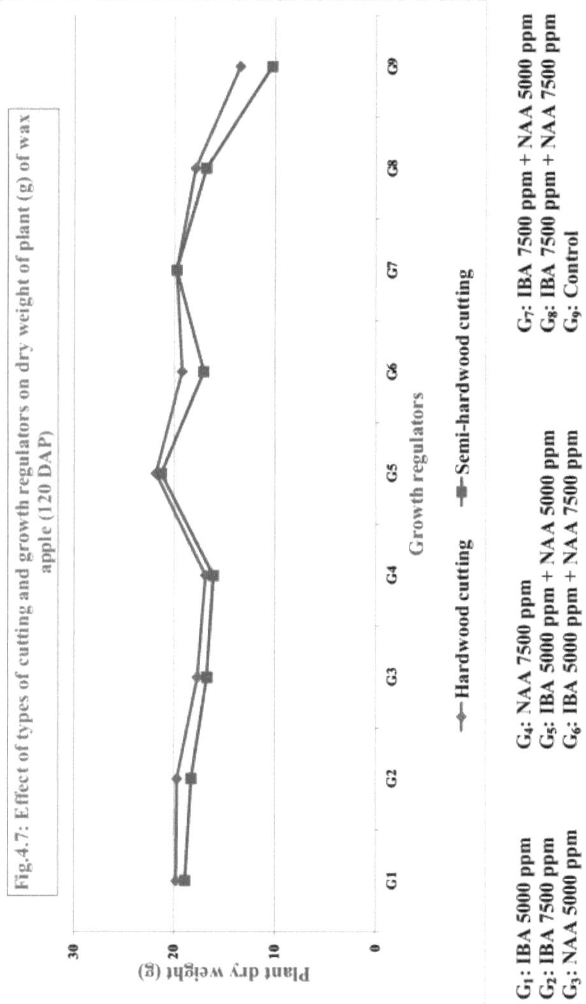

NAA 5000 ppm (P G$_{15}$) que foi igual ao tratamento P G$_{25}$ (corte de madeira semi-dura + IBA 5000 + NAA 5000 ppm). No entanto, o peso seco mínimo da planta (10,30 g) foi registado na combinação de tratamento P2G9 (estacas de madeira semi-dura + controlo).

4.8 Área foliar total aos 120 dias (cm $)^2$

Os dados relativos à área foliar total (cm^2) aos 120 DAP de estacas de macieira, influenciados por diferentes tipos de corte e reguladores de crescimento, são apresentados no Quadro 4.20 e representados graficamente na Fig. 8.

4.8.1 Efeito dos tipos de estacas

Pode ser indicado na Tabela 4.20 que a área foliar total aos 120 dias diferiu significativamente entre os diferentes tipos de estacas. A área foliar total máxima (64,06 cm^2) foi observada no corte de madeira dura (P1).

4.8.2 Efeito dos reguladores de crescimento

Os dados relativos aos diferentes reguladores de crescimento tiveram influência significativa na área foliar total aos 120 DAP (Tabela 4.20). A área foliar total máxima (69,25 cm^2) foi registada no corte tratado com IBA 5000 + NAA 5000 ppm (G5), que foi igual ao tratamento G_7 e G_1 . Enquanto que a área foliar total mínima (47,27 cm^2) foi observada no controlo (G9).

4.8.3 Efeito de interação

Os dados apresentados no Quadro 4.2 mostram claramente que as interacções entre os tipos de corte e os diferentes reguladores de crescimento na área foliar total (cm^2) foram significativamente diferentes (Quadro 4.20).

Quadro 4.20: Efeito dos tipos de corte e dos reguladores de crescimento na área foliar total (cm^2) da macieira (120 DAP)

^\Tipos de corte (P) Reguladores de crescimento (G)	Corte de madeira de folhosas (P1)	Corte de madeira semi-dura (P2)	Média
G1- IBA 5000 ppm	69.97	62.11	66.04
G2 - IBA 7500 ppm	63.60	65.78	64.69
G3 - NAA 5000 ppm	62.13	64.66	63.40
G4- NAA 7500 ppm	61.20	64.98	63.09
G5 - IBA 5000 + NAA 5000 ppm	71.51	66.99	69.25
G6- IBA 5000 + NAA 7500 ppm	65.50	62.53	64.01
G7- IBA 7500 + NAA 5000 ppm	69.18	63.07	66.13
G8- IBA 7500 + NAA 7500 ppm	62.90	64.34	63.62
G9- Controlo	50.55	43.99	47.27
Média	64.06	62.05	
	S.Em. +	CD a 5 %	CV %
P	0.70	2.00	
G	1.48	4.24	5.75
P x G	2.09	6.00	

Fig.4.7: Efeito dos tipos de corte e dos reguladores de crescimento no peso seco da planta (g) de maçã para cera (120 DAP)

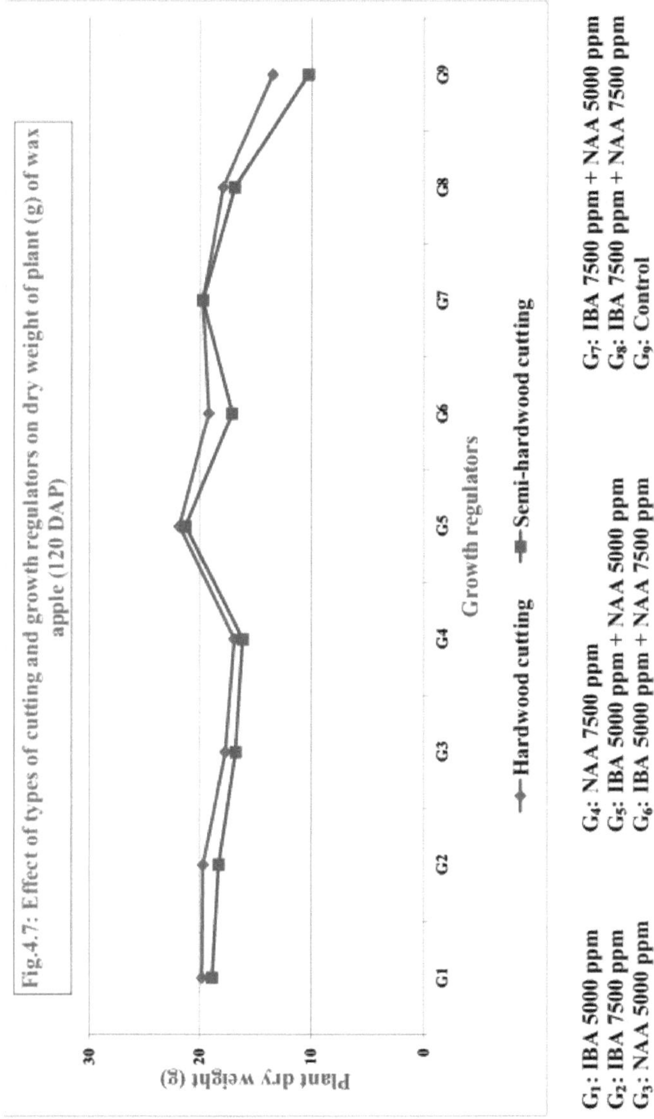

49

Significativamente, a área foliar total máxima (71,51 cm^2) aos 120 DAP foi observada em estacas de folhosas tratadas com IBA 5000 + NAA 5000 ppm (P1G5), que foram iguais às combinações de tratamento P1G1, P1G7, P2G5 e P G$_{22}$. No entanto, a área foliar total mínima (43,99 cm^2) aos 120 DAP foi registada quando as estacas de semi-lenhosas não foram tratadas com reguladores de crescimento, *ou seja,* P2G9.

4.9 Número de raízes por estaca

As observações registadas sobre o número de raízes por estaca de maçã para cera aos 30, 60, 90 e 120 DAP, influenciadas por diferentes tipos de estacas e reguladores de crescimento, são apresentadas nos Quadros 4.21 a 4.24 e ilustradas graficamente na Fig. 9 aos 120 DAP.

4.9.1 Efeito dos tipos de estacas

Os dados relativos ao número de raízes por estaca de macieira-cera aos 30, 60, 90 e 120 DAP foram apresentados nos Quadros 4.21 a 4.24, revelando claramente diferenças significativas. A média máxima de raízes por estaca de macieira-cera aos 30, 60, 90 e 120 DAP (12,02, 19,34, 25,41 e 30,12, respetivamente) foi observada na estaca de folhosa (P1).

4.9.2 Efeito dos reguladores de crescimento

Está claramente ilustrado nos Quadros 4.21 a 4.24 que o número de raízes por estaca foi significativamente diferente com a aplicação de restos de reguladores de crescimento. O número máximo de raízes por estaca de maçã de cera aos 30, 60, 90 e 120 DAP (11,41, 18,47, 24,37 e 28,58, respetivamente) foi registado quando as estacas foram tratadas com IBA

Quadro 4.21: Efeito dos tipos de estaca e dos reguladores de crescimento no número de raízes por estaca de macieira (30 DAP)

Tipos de corte (P) Reguladores de crescimento (G)	Corte de madeira de folhosas (P1)	Corte de madeira semi-dura (P2)	Média
G1- IBA 5000 ppm	8.23	7.00	7.61
G2 - IBA 7500 ppm	8.13	6.55	7.34
G3 - NAA 5000 ppm	5.73	4.74	5.24
G4- NAA 7500 ppm	5.20	4.36	4.78
G5 - IBA 5000 + NAA 5000 ppm	12.02	10.80	11.41
G6- IBA 5000 + NAA 7500 ppm	7.78	5.60	6.69
G7- IBA 7500 + NAA 5000 ppm	8.66	7.93	8.30
G8- IBA 7500 + NAA 7500 ppm	6.10	5.00	5.55
G9- Controlo	3.99	3.23	3.61
Média	7.32	6.13	
	S.Em. +	**CD a 5 %**	**CV %**

P	0.07	0.21	
G	0.15	0.44	5.60
P x G	0.22	0.62	

Quadro 4.22: Efeito dos tipos de estaca e dos reguladores de crescimento no número de raízes por estaca de maçã para cera (60 DAP)

^\Tipos de corte (P) Reguladores de crescimento (G)	Corte de madeira de folhosas (P_1)	Corte de madeira semi-dura (P_2)	Média
G_i- IBA 5000 ppm	15.43	11.89	13.66
G2 - IBA 7500 ppm	14.29	11.70	13.00
G3 - NAA 5000 ppm	11.23	10.00	10.61
G_4- NAA 7500 ppm	10.89	9.34	10.11
G5 - IBA 5000 + NAA 5000 ppm	19.34	17.61	18.47
G_6- IBA 5000 + NAA 7500 ppm	12.22	11.10	11.66
G_7- IBA 7500 + NAA 5000 ppm	15.94	13.54	14.74
G_8- IBA 7500 + NAA 7500 ppm	11.56	10.23	10.89
G_9- Controlo	6.02	5.07	5.54
Média	12.99	11.17	
	S.Em. +	CD a 5 %	CV %
P	0.13	0.38	
G	0.28	0.82	5.76
P x G	0.40	1.15	

Quadro 4.23: Efeito dos tipos de estaca e dos reguladores de crescimento no número de raízes por estaca de maçã para cera (90 DAP)

Tipos de corte (P) Reguladores de crescimento (G)	Corte de madeira de folhosas (P_1)	Corte de madeira semi-dura (P_2)	Média
G_i- IBA 5000 ppm	20.07	18.20	19.14
G2 - IBA 7500 ppm	19.78	17.45	18.62
G3 - NAA 5000 ppm	15.67	13.11	14.39
G_4- NAA 7500 ppm	14.00	11.23	12.62
G5 - IBA 5000 + NAA 5000 ppm	25.41	23.32	24.37
G_6- IBA 5000 + NAA 7500 ppm	19.00	14.21	16.61
G_7- IBA 7500 + NAA 5000 ppm	22.10	19.23	20.67
G_8- IBA 7500 + NAA 7500 ppm	16.32	13.56	14.94
G_9- Controlo	8.23	7.12	7.68
Média	17.84	15.27	
	S.Em. +	CD a 5 %	CV %

	0.14	0.40	
G	0.30	0.85	4.40
P x G	0.42	1.21	

Quadro 4.24: Efeito dos tipos de estaca e dos reguladores de crescimento no número de raízes por estaca de maçã para cera (120 DAP)

Tipos de corte (P) Reguladores de crescimento (G)	Corte de madeira de folhosas (P_1)	Corte de madeira semi-dura (P_2)	Média
G_1- IBA 5000 ppm	24.34	21.12	22.73
G2 - IBA 7500 ppm	23.45	20.14	21.80
G3 - NAA 5000 ppm	19.00	15.07	17.04
G_4- NAA 7500 ppm	17.67	14.34	16.01
G5 - IBA 5000 + NAA 5000 ppm	30.12	27.03	28.58
G_6- IBA 5000 + NAA 7500 ppm	22.31	18.32	20.32
G_7- IBA 7500 + NAA 5000 ppm	25.23	23.00	24.12
G_8- IBA 7500 + NAA 7500 ppm	19.76	16.00	17.88
G_9- Controlo	11.32	9.08	10.20
Média	21.47	18.23	
	S.Em. +	CD a 5 %	CV %
P	0.08	0.22	
G	0.16	0.46	1.99
P x G	0.23	0.65	

Fig. 4.9: Efeito dos tipos de estaca e dos reguladores de crescimento no número de raízes por estaca de macieira (120 DAP)

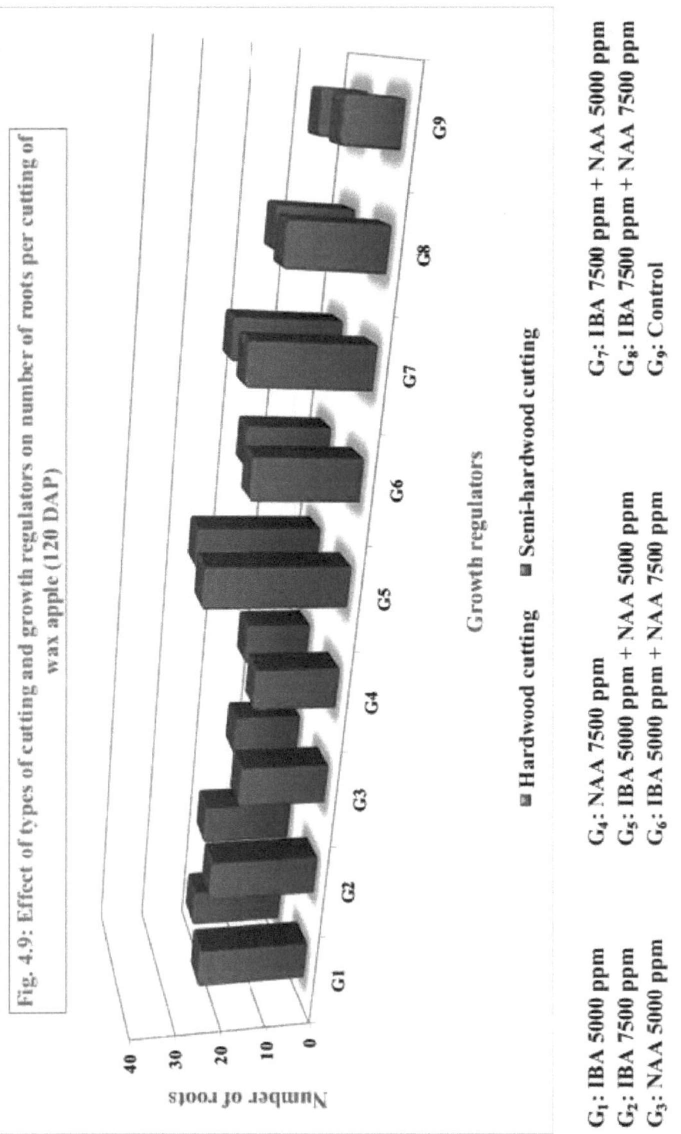

5000 + NAA 5000 ppm (G5) seguido por IBA 7500 + NAA 5000 ppm (G7). Enquanto que, o número mínimo de raízes por corte aos 30, 60, 90 e 120 DAP (3.61, 5.54, 7.68 e 10.20, respetivamente) foi observado no controlo (G9).

4.9.3 Efeito de interação

Os dados apresentados na Tabela 4.21 a 4.24 observaram que a interação entre tipos de estacas e diferentes reguladores de crescimento mostrou um efeito significativo no número de raízes por estaca. O número máximo de raízes por estaca aos 30, 60, 90 e 120 DAP (12.02, 19.34, 25.41 e 30.12, respetivamente) foi encontrado em estacas de madeira dura quando foram tratadas com IBA 5000 + NAA 5000 ppm (P1G5) seguido por estacas de madeira semi-dura + IBA 5000 + NAA 5000 ppm (P2G5). No entanto, o número mínimo de rebentos por estaca aos 30, 60, 90 e 120 DAP (3,23, 5,07, 7,12 e 9,08, respetivamente) foi registado com o tratamento P2G9 (estacas de folhosas + controlo) que foi igual ao P1G9 aos 60 e 90 DAP.

4.10 Comprimento da raiz (cm)

As observações registadas sobre o comprimento das raízes por estaca de maçã para cera aos 30, 60, 90 e 120 DAP, influenciadas por diferentes tipos de estacas e reguladores de crescimento, são apresentadas nos Quadros 4.25 a 4.28 e ilustradas graficamente na Fig. 10 aos 120 DAP.

4.10.1 Efeito dos tipos de estacas

É evidente a partir dos dados apresentados no Quadro 4.25 a 4.28 que o comprimento da raiz foi significativamente diferente por diferentes tipos de corte e o comprimento máximo de raízes por corte aos 30, 60, 90 e 120 DAP (6,04, 9,28, 11,68 e 14,05 cm, respetivamente) foi observado no corte de madeira dura (P1) de maçã de cera.

4.10.2 Efeito dos reguladores de crescimento

Os dados relativos aos diferentes reguladores de crescimento tiveram uma influência significativa no comprimento da raiz por corte (Quadro 4.25 a 4.28). O comprimento máximo de raízes por estaca de maçã para cera aos 30, 60, 90 e 120 DAP (8,35, 12,40, 15,62 e 19,21 cm, respetivamente) foi registado quando a estaca foi tratada com IBA 5000 + NAA 5000 ppm (G5) seguido de IBA 7500 + NAA 5000 ppm (G7). Enquanto que, o comprimento mínimo de raízes por corte aos 30, 60, 90 e 120 DAP (3.28, 4.53, 5.58 e 7.19 cm, respetivamente) foi observado no tratamento de controlo (G9).

4.10.3 Efeito de interação

Os dados apresentados nos Quadros 4.25 a 4.28 mostram claramente que a interação entre os tipos de estaca e os diferentes reguladores de crescimento mostrou um efeito significativo no comprimento da raiz por estaca. O comprimento máximo de raízes por estaca aos 30, 60, 90 e 120 DAP (8.62, 13.16, 17.22 e 21.08 cm, respetivamente) foi observado em estacas de folhosas tratadas com IBA 5000 + NAA 5000 ppm (P1G5) seguido por P2G5 (estaca de folhosas + IBA 5000 + NAA 5000 ppm). No entanto, o comprimento mínimo de raízes por estaca foi registado com a combinação de tratamento P2G9 (estacas de semi-lenhosas + controlo) aos 30, 60, 90 e 120 DAP (2,89, 3,86, 4,62 e 6,34 cm, respetivamente).

Quadro 4.25: Efeito dos tipos de corte e dos reguladores de crescimento no comprimento da raiz (cm) da maçã de cera (30 DAP)

Tipos de corte (P) Reguladores de crescimento (G)	Corte de madeira de folhosas (P1)	Corte de madeira semi-dura (P2)	Média
G1- IBA 5000 ppm	7.00	6.10	6.55
G2 - IBA 7500 ppm	6.71	5.70	6.21
G3 - NAA 5000 ppm	5.10	4.25	4.68
G4- NAA 7500 ppm	4.68	4.12	4.40
G5 - IBA 5000 + NAA 5000 ppm	8.62	8.07	8.35
G6- IBA 5000 + NAA 7500 ppm	6.19	5.00	5.60
G7- IBA 7500 + NAA 5000 ppm	7.12	6.34	6.73
G8- IBA 7500 + NAA 7500 ppm	5.30	4.41	4.86
G9- Controlo	3.67	2.89	3.28
Média	6.04	5.21	
	S.Em. +	CD a 5 %	CV %
P	0.013	0.039	
G	0.029	0.082	1.24
P x G	0.040	0.116	

Quadro 4.26: Efeito dos tipos de corte e dos reguladores de crescimento no comprimento da raiz (cm) da maçã de cera (60 DAP)

^\Tipos de corte (P) Reguladores de crescimento (G)	Corte de madeira de folhosas (P1)	Corte de madeira semi-dura (P2)	Média
G1- IBA 5000 ppm	10.48	8.98	9.73
G2 - IBA 7500 ppm	9.95	8.81	9.38
G3 - NAA 5000 ppm	8.37	6.67	7.52
G4- NAA 7500 ppm	7.57	6.23	6.90
G5 - IBA 5000 + NAA 5000 ppm	13.16	11.64	12.40
G6- IBA 5000 + NAA 7500 ppm	9.43	7.99	8.71
G7- IBA 7500 + NAA 5000 ppm	10.93	9.87	10.40
G8- IBA 7500 + NAA 7500 ppm	8.44	7.12	7.78
G9- Controlo	5.21	3.86	4.53
Média	9.28	7.91	
	S.Em. +	CD a 5 %	CV %

P	0.031	0.089	
G	0.066	0.188	1.87
P x G	0.093	0.266	

Quadro 4.27: Efeito dos tipos de corte e dos reguladores de crescimento no comprimento da raiz (cm) da maçã de cera (90 DAP)

Tipos de corte (P) Reguladores de crescimento (G)	Corte de madeira de folhosas (P1)	Corte de madeira semi-dura (P2)	Média
G1- IBA 5000 ppm	13.06	11.43	12.24
G2 - IBA 7500 ppm	12.29	11.04	11.67
G3 - NAA 5000 ppm	10.55	8.56	9.56
G4- NAA 7500 ppm	9.29	8.14	8.71
G5 - IBA 5000 + NAA 5000 ppm	17.22	14.01	15.62
G6- IBA 5000 + NAA 7500 ppm	11.53	10.34	10.94
G7- IBA 7500 + NAA 5000 ppm	13.89	11.99	12.94
G8- IBA 7500 + NAA 7500 ppm	10.78	9.00	9.89
G9- Controlo	6.54	4.62	5.58
Média	11.68	9.90	
	S.Em. +	CD a 5 %	CV %
P	0.10	0.28	4.77
G	0.21	0.60	
P x G	0.30	0.85	

Quadro 4.28: Efeito dos tipos de corte e dos reguladores de crescimento no comprimento da raiz (cm) da maçã de cera (120 DAP)

Tipos de corte (P) Reguladores de crescimento (G)	Corte de madeira de folhosas (P1)	Corte de madeira semi-dura (P2)	Média
G1- IBA 5000 ppm	16.00	13.44	14.72
G2 - IBA 7500 ppm	14.64	13.04	13.84
G3 - NAA 5000 ppm	12.21	10.74	11.48
G4- NAA 7500 ppm	11.71	10.34	11.03
G5 - IBA 5000 + NAA 5000 ppm	21.08	17.34	19.21
G6- IBA 5000 + NAA 7500 ppm	13.76	12.03	12.90
G7 - IBA 7500 + NAA 5000 ppm	16.43	14.07	15.25
G8- IBA 7500 + NAA 7500 ppm	12.58	11.02	11.80
G9- Controlo	8.03	6.34	7.19
Média	14.05	12.04	
	S.Em. +	CD a 5 %	CV %

	0.06	0.16	
P	0.06	0.16	
G	0.12	0.34	2.22
P x G	0.17	0.48	

Fig. 4.10: Efeito dos tipos de corte e dos reguladores de crescimento no comprimento da raiz (cm) da macieira (120 DAP)

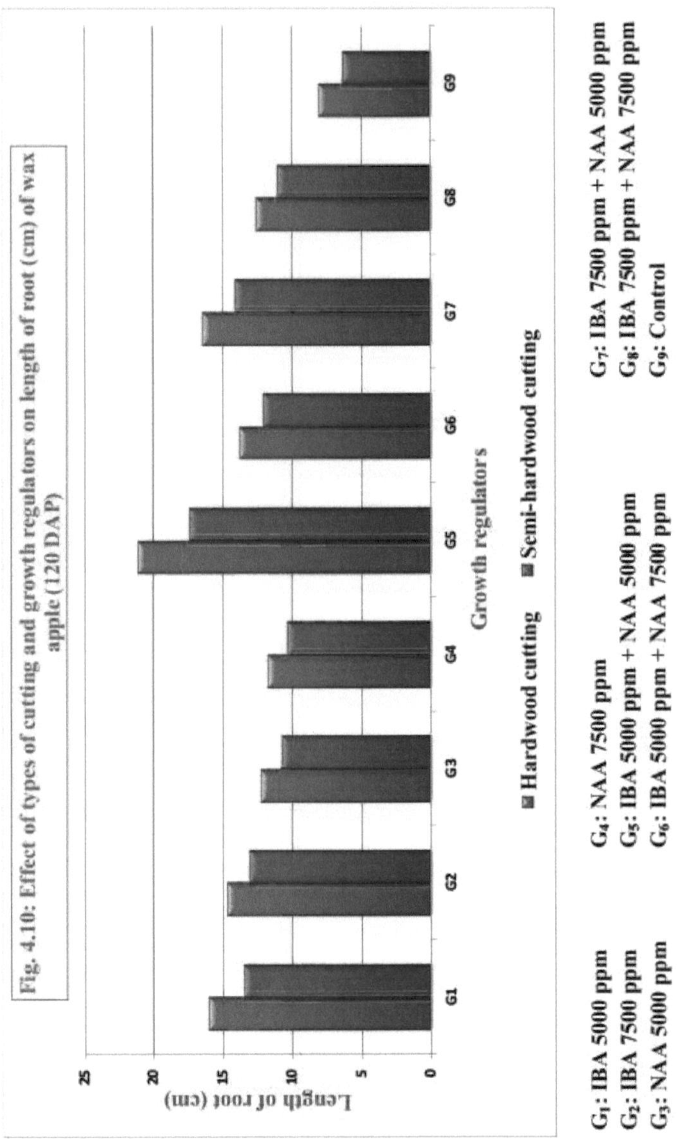

4.11   Peso fresco da raiz (g) aos 120 dias

Os dados relativos ao peso fresco da raiz (g) aos 120 DAP de estacas de macieira de cera, influenciados por diferentes tipos de estacas e reguladores de crescimento, são apresentados no Quadro 4.29 e representados graficamente na

Fig. 11.

4.11.1 Efeito dos tipos de estacas

O Quadro 4.29 ilustra claramente que o peso fresco da raiz de estacas de macieira aos 120 dias foi significativamente diferente consoante o tipo de estaca. O peso fresco máximo da raiz (1,65 g) foi encontrado na estaca de madeira dura (P_1).

4.11.2 Efeito dos reguladores de crescimento

Os dados relativos aos diferentes reguladores de crescimento tiveram influência significativa no peso fresco da raiz (g) aos 120 DAP (Tabela 4.29). Entre as diferentes concentrações de IBA e NAA, o peso fresco máximo da raiz (2,49 g) foi registado quando o corte foi tratado com IBA 5000 + NAA 5000 ppm (G_5) seguido de IBA 7500 + NAA 5000 ppm (G_7). Enquanto que, o peso fresco mínimo da raiz (1,06 g) foi observado no controlo (G_9).

4.11.3 Efeito de interação

Os dados indicaram que as interacções entre tipos de estacas e reguladores de crescimento mostraram uma diferença significativa no peso fresco da raiz (Quadro 4.29). O peso fresco máximo da raiz (2,91 g) foi observado em estacas de madeira dura quando tratadas com IBA 5000 + NAA 5000 ppm (P_1G_5) seguido por P2G5 (estaca de madeira semi-dura + IBA 5000 + NAA 5000 ppm). No entanto, o mínimo de

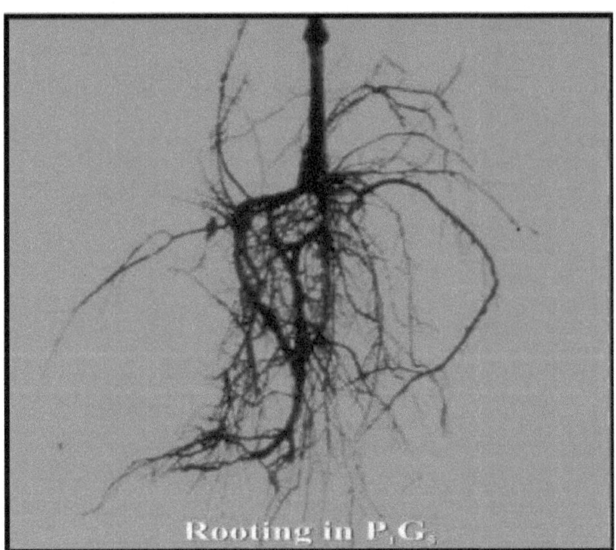

Placa 2. Desempenho de brotação e enraizamento em P1G5 aos 30 dias
(Corte de madeira dura + IBA 5000 ppm + NAA 5000 ppm)

Quadro 4.29: Efeito dos tipos de corte e dos reguladores de crescimento no peso fresco da raiz (g) de maçã para cera (120 DAP)

^\Tipos de corte (P)	Corte de	Corte de madeira	Média

Reguladores de crescimento (G)	madeira de folhosas (P1)	semi-dura (P2)	
G1- IBA 5000 ppm	1.77	1.48	1.63
G2 - IBA 7500 ppm	1.64	1.43	1.53
G3 - NAA 5000 ppm	1.35	1.24	1.30
G4- NAA 7500 ppm	1.29	1.18	1.24
G5 - IBA 5000 + NAA 5000 ppm	2.91	2.07	2.49
G6- IBA 5000 + NAA 7500 ppm	1.53	1.32	1.43
G7- IBA 7500 + NAA 5000 ppm	1.84	1.57	1.71
G8- IBA 7500 + NAA 7500 ppm	1.39	1.27	1.33
G9- Controlo	1.10	1.02	1.06
Média	1.65	1.40	
	S.Em. +	CD a 5 %	CV %
P	0.007	0.021	
G	0.015	0.044	2.48
P x G	0.022	0.063	

Fig. 4.11: Efeito dos tipos de corte e dos reguladores de crescimento no peso fresco da raiz (g) da maçã de cera (120 DAP)

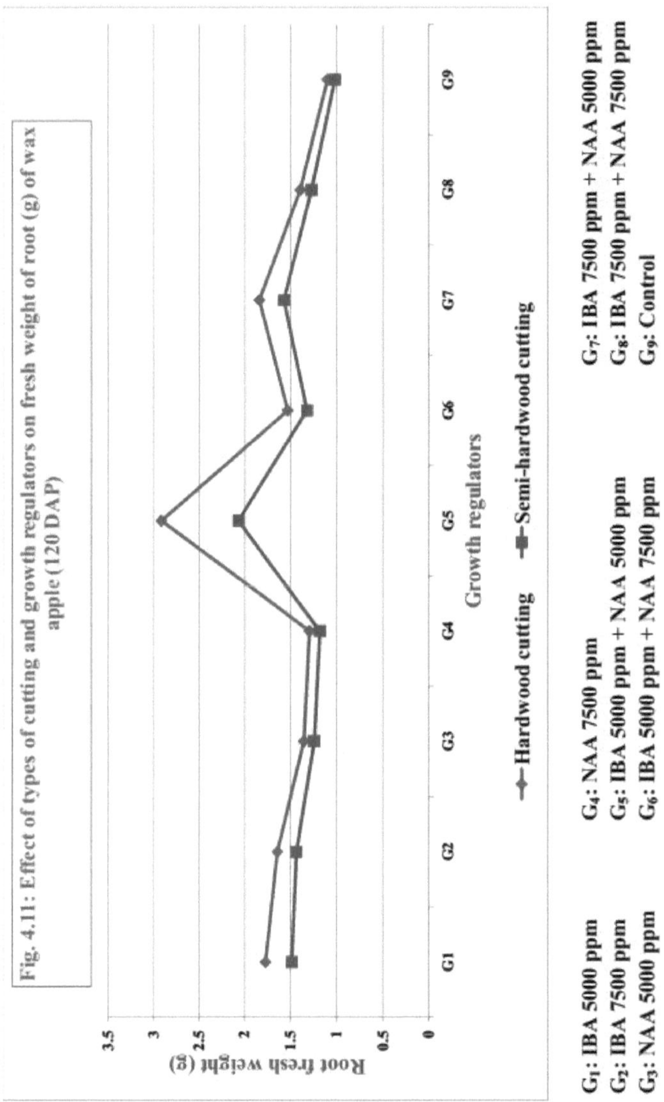

O peso fresco da raiz (1,02 g) foi registado com P2G9 (estacas de semilenho + controlo).

4.12   Peso seco da raiz (g) aos 120 dias

. Os dados relativos ao peso seco da raiz (g) de estacas de macieira encerada aos 120 DAP, influenciados por diferentes tipos de estacas e reguladores de crescimento, são apresentados no Quadro 4.30 e representados graficamente na

Fig. 12.
4.12.1 Efeito dos tipos de estacas
Os dados relativos ao peso seco da raiz (g) em estacas de macieira de cera aos 120 DAP foram apresentados na Tabela 4.30, mostrando claramente diferenças significativas. O peso seco máximo da raiz (0,37 g) foi observado no corte de madeira dura (P1).
4.12.2 Efeito dos reguladores de crescimento
Os dados relativos aos diferentes reguladores de crescimento influenciaram significativamente o peso seco da raiz (g) aos 120 DAP (Tabela 4.30). Entre as diferentes concentrações de IBA e NAA. O peso seco máximo da raiz (0,75 g) foi registado quando as estacas foram tratadas com IBA 5000 + NAA 5000 ppm (G5) seguido de IBA 7500 + NAA 5000 ppm (G7). Enquanto que, o peso seco mínimo da raiz (0,11 g) foi observado no controlo (G9).
4.12.3 Efeito de interação
É óbvio a partir dos dados que as interacções entre tipos de estacas e diferentes concentrações de IBA e NAA para o peso seco da raiz foram significativamente diferentes aos 120 dias (Quadro 4.30). Significativamente, o peso seco máximo da raiz (0,82 g) foi observado

Quadro 4.30: Efeito dos tipos de corte e dos reguladores de crescimento no peso seco da raiz (g) de maçã para cera (120 DAP)

^\Tipos de corte (P) Reguladores de crescimento (G)	Corte de madeira de folhosas (Pi)	Corte de madeira semi-dura (P2)	Média
Gi- IBA 5000 ppm	0.45	0.34	0.40
G2 - IBA 7500 ppm	0.38	0.34	0.36
G3 - NAA 5000 ppm	0.24	0.15	0.20
G4- NAA 7500 ppm	0.21	0.14	0.18
G5 - IBA 5000 + NAA 5000 ppm	0.82	0.67	0.75
G6- IBA 5000 + NAA 7500 ppm	0.36	0.24	0.30
G7 - IBA 7500 + NAA 5000 ppm	0.49	0.37	0.43
G8- IBA 7500 + NAA 7500 ppm	0.27	0.17	0.22
G9- Controlo	0.12	0.10	0.11
Média	0.37	0.28	
	S.Em. +	CD a 5 %	CV %
P	0.0019	0.0055	
G	0.0041	0.0117	3.07
P x G	0.0058	0.0166	

Fig.4.12: Efeito dos tipos de corte e dos reguladores de crescimento no peso seco da raiz (g) da maçã de cera (120 DAP)

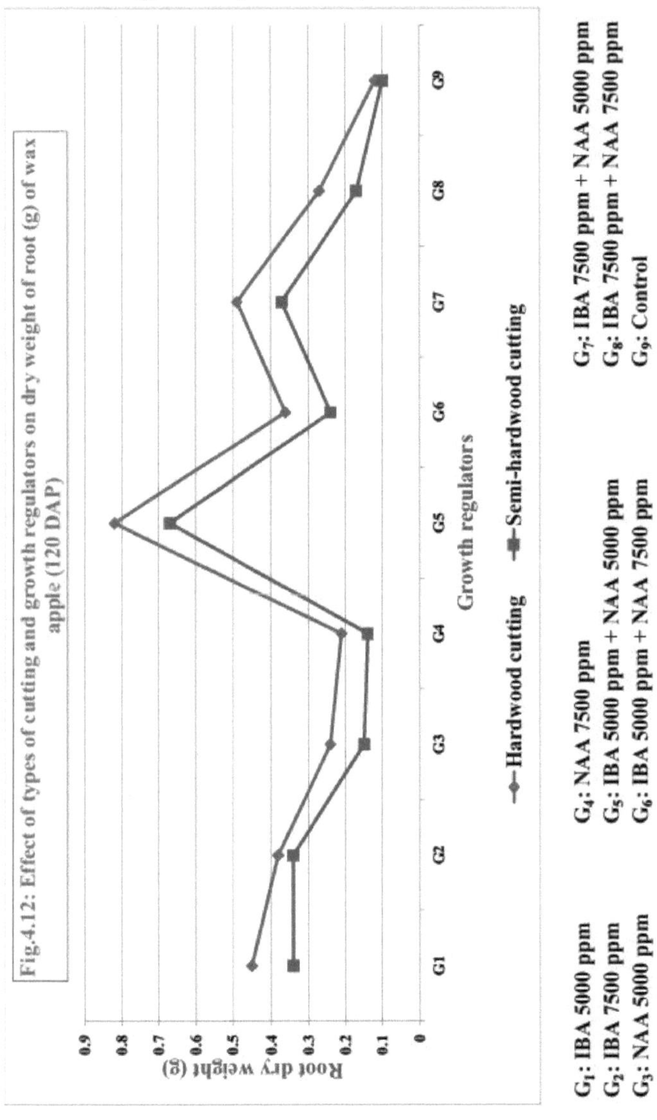

G₁: IBA 5000 ppm
G₂: IBA 7500 ppm
G₃: NAA 5000 ppm

G₄: NAA 7500 ppm
G₅: IBA 5000 ppm + NAA 5000 ppm
G₆: IBA 5000 ppm + NAA 7500 ppm

G₇: IBA 7500 ppm + NAA 5000 ppm
G₈: IBA 7500 ppm + NAA 7500 ppm
G₉: Control

em estacas de folhosas tratadas com IBA 5000 + NAA 5000 ppm (P1G5) seguido por P2G5 (estaca de folhosa + IBA 5000 + NAA 5000 ppm). No entanto, o peso seco mínimo da raiz (0,10 g) foi registado significativamente quando as estacas de madeira semi-dura não foram tratadas com reguladores de crescimento, *isto é*, controlo (P2G9), que foi igual ao tratamento P1G9.

4.13 Percentagem de sobrevivência

Os dados relativos à percentagem de sobrevivência de estacas de macieira-cera, influenciada por tipos de estacas e diferentes reguladores de crescimento, são apresentados no Quadro 4.31 e representados graficamente na Fig. 13.

4.13.1 Efeito dos tipos de estacas

A análise dos dados relativos à percentagem de sobrevivência dos diferentes tipos de estacas de macieira encerada foi registada no quadro 4.31, mostrando claramente uma diferença significativa. A percentagem máxima de sobrevivência (73,24 %) foi registada no corte de madeira dura (P1).

4.13.2 Efeito dos reguladores de crescimento

A Tabela 4.31 mostra que a percentagem de sobrevivência diferiu significativamente entre os diferentes reguladores de crescimento e a percentagem máxima de sobrevivência (86,72 %) foi registada quando as estacas foram tratadas com IBA 5000 + NAA 5000 ppm (G5) seguido de IBA 7500 + NAA 5000 ppm (G7). Enquanto que a percentagem mínima de sobrevivência (32,65%) foi registada no controlo (G9).

Quadro 4.31: Efeito dos tipos de corte e dos reguladores de crescimento na percentagem de sobrevivência da maçã para cera (120 DAP)

^\Tipos de corte (P) Reguladores de crescimento (G)	Corte de madeira de folhosas (P1)	Corte de madeira semi-dura (P2)	Média
G1- IBA 5000 ppm	80.87	74.43	77.65
G2 - IBA 7500 ppm	75.81	75.44	75.63
G3 - NAA 5000 ppm	72.87	72.87	72.87
G4- NAA 7500 ppm	72.64	70.51	71.57
G5 - IBA 5000 + NAA 5000 ppm	88.02	85.43	86.72
G6- IBA 5000 + NAA 7500 ppm	75.10	74.02	74.56
G7- IBA 7500 + NAA 5000 ppm	83.92	74.90	79.41
G8- IBA 7500 + NAA 7500 ppm	73.11	73.46	73.28
G9- Controlo	36.81	28.49	32.65
Média	73.24	69.95	
	S.Em. +	CD a 5 %	CV %
P	0.58	1.66	4.20

	1.23	3.52
G	1.23	3.52
P x G	1.74	4.98

Fig. 4.13: Efeito dos tipos de corte e dos reguladores de crescimento na percentagem de sobrevivência da maçã para cera (120 DAP)

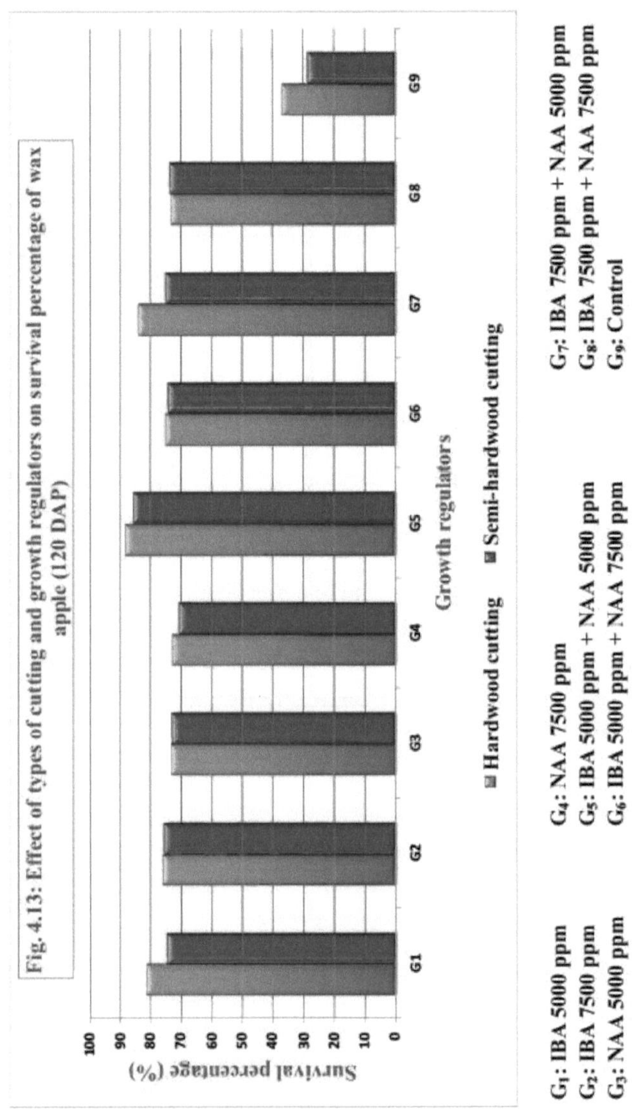

4.13.3 Efeito de interação

Os dados apresentados no Quadro 4.31 indicam claramente que a interação entre os tipos de estacas e os diferentes reguladores de crescimento teve um efeito significativo na percentagem de sobrevivência das estacas de macieira. A percentagem máxima de sobrevivência (88,02 %) foi registada em estacas de folhosas quando as estacas foram tratadas com IBA 5000 + NAA 5000 ppm (P1G5), o que foi igual ao tratamento P2G5 (estaca de folhosas + IBA 5000 + NAA 5000 ppm). No entanto, a percentagem mínima de sobrevivência (28,49 %) foi registada quando as estacas de folhosas não foram tratadas com reguladores de crescimento, *ou seja,* o controlo (P2G9).

Os resultados obtidos na presente investigação sobre o "Efeito do tipo de estaca e dos reguladores de crescimento no enraizamento da maçã de cera (*Syzygium samarangense* L.)" foram utilizados com o objetivo de determinar os efeitos do tipo de estacas, dos reguladores de crescimento e do seu efeito de interação nos parâmetros de enraizamento da maçã de cera.

O sucesso da propagação vegetativa depende principalmente da capacidade das plantas para formar raízes por estratificação e corte, quando colocadas num ambiente favorável para o enraizamento. O grau de enraizamento depende do tipo de órgão vegetal utilizado, mas os caules são geralmente considerados como um material de propagação ideal, porque geralmente têm tecido indiferenciado suficiente e hidratos de carbono armazenados para permitir uma fácil formação de raízes. A aplicação judiciosa de diferentes reguladores de crescimento em concentrações adequadas catalisa a iniciação e o crescimento das raízes, melhorando o sucesso e a sobrevivência das estacas enraizadas.

A presente investigação foi conduzida em desenho completamente aleatório com conceito fatorial, incluindo dezoito combinações de tratamento e três repetições durante o ano de 2015-16 em condições de casa de rede na Estação de Investigação Agrícola (ARS), Universidade Agrícola dc Navsari, Paria, Valsad.

Neste capítulo, tentou-se discutir as conclusões importantes do presente estudo, apresentando razões científicas e lógicas e também apoiando as conclusões relevantes de vários investigadores, a fim de compreender a causa e a relação. Por uma questão de conveniência, todo o capítulo foi dividido nas seguintes rubricas:

5.1 Efeito na germinação

5.2 Efeito nos parâmetros de crescimento dos rebentos

5.3 Efeito nos parâmetros de crescimento da raiz

5.4 Efeito na percentagem de sobrevivência

5.1 Efeito na germinação

Os resultados mostram claramente que os dias necessários para a germinação foram significativamente afectados pelo tipo de estacas, pelos reguladores de crescimento e pelas suas interacções. Entre os diferentes tipos de estacas, a propagação através de estacas de madeira de folhosas (P1) registou um número significativamente mínimo de dias necessários para a germinação, seguida de estacas de madeira de folhosas semi (P2). Isto pode dever-se ao nível de maturidade da madeira, à composição química da madeira da base à ponta e à presença de gemas activas no caule (Kochhar *et al.*, 2008). Resultados semelhantes estão de acordo com Manan *et al.* (2002) em goiaba e Chauhan e Reddy (1974) em ameixa.

Entre os diferentes reguladores de crescimento, as estacas tratadas com IBA 5000 + NAA 5000 ppm (G_5) registaram um mínimo de dias para o primeiro brotamento. O aumento do nível de auxinas resultou na conclusão mais precoce dos processos fisiológicos de enraizamento e brotação das estacas. Os resultados acima estão de acordo com as conclusões de Kurd *et al.* (2010) em estacas de caule de oliveira.

Verificou-se que os efeitos da interação entre os tipos de estacas e os reguladores de crescimento influenciaram significativamente os dias necessários para o primeiro brotamento da estaca. Foi observado um número mínimo de dias necessários para a primeira germinação quando as estacas de folhosas foram tratadas com IBA 5000 + NAA 5000 ppm (P1G5), seguido do tratamento P1G7 (estaca de folhosas + IBA 7500 + NAA 5000 ppm). As estacas de folhosas têm uma quantidade elevada de hidratos de carbono armazenados e uma quantidade baixa a moderada de azoto que foi utilizada pela estaca para produzir um sistema de rebentos com a ajuda do IBA através da hidrólise, mobilização e utilização de reservas nutricionais na região de formação de rebentos.

5.2 Efeito nos parâmetros de crescimento dos rebentos

As diferentes características dos rebentos, nomeadamente o número de rebentos por estaca, o número de folhas por estaca, o comprimento do rebento mais longo, o diâmetro do rebento mais longo, o peso fresco e seco da planta e a área foliar foram significativamente mais elevados nas estacas de folhosas quando estas foram tratadas com IBA 5000 + NAA 5000 ppm.

O número máximo de rebentos e folhas foi registado na estaca de madeira dura (P1) porque o material de plantação foi retirado da porção da base do ramo e os rebentos mínimos foram registados na porção média da estaca devido à presença da porção apical que resulta na criação de dominância apical.

Entre os diferentes reguladores de crescimento, o número máximo de rebentos e folhas foi registado por propagação através de corte quando tratado com IBA 5000 + NAA 5000 ppm (P1G1). Uma aplicação exógena de IBA & NAA aumenta o nível endógeno de auxina. A mobilização e a utilização dos hidratos de carbono armazenados devido à influência da auxina aumentaram o número de rebentos (Severino *et al.*, 2011).

Os efeitos da interação entre o tipo de estacas e os reguladores de crescimento no número de rebentos por estaca foram significativos. O número máximo de rebentos foi registado através de estacas de madeira dura quando tratadas com IBA 5000 + NAA 5000 ppm (P1G5). A porção de ramo utilizada e a mobilização e utilização dos hidratos de carbono devido ao aumento da auxina indígena tiveram um efeito significativo no número máximo de rebentos registados. Os resultados estão em conformidade com Singh et al. (2014) em amoreira, Singh et al. (2013) em citrinos e Alam *et al.* (2007) em kiwis.

O número de rebentos e folhas foi encontrado no máximo em estacas de madeira dura (P_1). Pode dever-se à presença de mais hidratos de carbono reservados nas estacas, à espessura do corte e ao facto de o corte ter sido feito a partir da base do ramo de reserva (Severino *et al.*, 2011). Resultados semelhantes foram observados por Singh *et al.*(2013) em citrinos.

Entre os diferentes reguladores de crescimento, as estacas tratadas com IBA 5000 + NAA 5000 ppm (G_5) produziram um número máximo de folhas e rebentos. O aumento do número de folhas devido à aplicação de concentrações mais elevadas de auxina pode induzir uma raiz vigorosa, permitindo assim que as estacas absorvam mais nutrientes e produzam um maior número de folhas, tal como referido por Thakur *et al.* (2014). O aumento da produção de folhas e da área foliar acabou por aumentar a fotossíntese, a taxa de crescimento relativo e o crescimento da ramificação lateral dos rebentos, o que aumentou a biomassa fresca e seca dos rebentos e a relação raiz: rebento. Estes resultados estão de acordo com as conclusões de Khapare *et al.* (2012) em figueira, Singh *et al.* (2013) em citrinos.

Assim, os efeitos combinados do tipo de estacas e dos reguladores de crescimento tiveram um efeito significativo no número de rebentos e folhas. As estacas de folhosas tratadas com IBA 5000 + NAA 5000 ppm (P G_{15}) registaram o número máximo de rebentos e folhas. Isto pode dever-se ao facto de que as estacas de folhosas tratadas com 5000 ppm de IBA + 5000 ppm de NAA produziram mais raízes por estaca que, por sua vez, absorveram mais nutrientes e humidade. Este resultado está em conformidade com os resultados de Thakur *et al.* (2014) em oliveira, Singh *et al.* (2013) em *citrinos*.

Verificou-se que o comprimento e o diâmetro do rebento mais longo (cm) foram significativamente afectados pelo tipo de estacas. Entre os diferentes tipos, o comprimento máximo do rebento mais longo foi registado nas estacas de madeira dura (P_1). Isto pode dever-se ao facto de, nas estacas de madeira dura, a melhor utilização dos hidratos de carbono armazenados, do azoto e de outros factores, com a ajuda de reguladores de crescimento, causar o comprimento do rebento (Purohit e Shekharappa, 1985).

Entre os diferentes reguladores de crescimento, o comprimento máximo e o diâmetro do rebento mais longo foram registados quando as estacas foram tratadas com IBA 5000 + NAA 5000 ppm (G_5). Isto pode dever-se ao facto de a auxina provocar um aumento do crescimento linear do caule através do alongamento celular (Saroj *et al*). Resultados mais ou menos semelhantes foram também registados por Sandhu e Singh (1986) e Singh *et al.* (2013) e Bhatt e Tomar (2011) em citrinos.

Os efeitos da interação entre o tipo de estacas e os reguladores de crescimento foram considerados significativos. O comprimento e o diâmetro máximos dos rebentos mais longos foram registados por propagação através de estacas de madeira dura quando tratadas com IBA 5000 + NAA 5000 ppm (P1G5). A aplicação de IBA exógeno afectou significativamente os parâmetros dos rebentos porque aumenta a hidrólise das reservas nutricionais sob a influência de auxina exógena (Kochhar *et al.*, 2008). Os resultados estão em conformidade com Sandhu e Singh (1986) em citrinos e Faghihi *et al.* (2013) em maçã, Paul e Aditi (2009) em maçã de água, Alam *et al.* (2007) em kiwis e Singh *et al.* (2009) em citrinos.

O peso fresco e seco da planta foi significativamente afetado pelo tipo de estacas. Entre os diferentes tipos de estacas, o peso fresco e seco máximo da planta foi registado nas estacas de madeira dura (P1). Resultados semelhantes foram observados por Khapare *et al.* (2012) em figueira, Alam *et al.* (2007) em kiwis e Kumar *et al.* (2008) em maracujá.

Entre os diferentes reguladores de crescimento, o peso fresco e seco máximo da planta foi associado às estacas tratadas com IBA 5000 ppm + NAA 5000 ppm (G5). Resultados semelhantes estão em conformidade com Khapare et al. (2012) em figueira e Thakur *et al.* (2014) em oliveira.

Assim, o efeito combinado do tipo de corte e dos diferentes reguladores de crescimento teve um efeito significativo no peso fresco e seco da planta. A estaca de madeira de macieira encerada tratada com IBA 5000 + NAA 5000 ppm (P1G5) apresentou o peso fresco e seco máximo da planta. Isto pode dever-se ao facto de as estacas de folhosas tratadas com IBA 5000 + NAA 5000 ppm terem produzido um maior número de rebentos e folhas, o que aumentou o peso fresco e seco da planta. Resultados semelhantes foram também registados por Thakur *et al.* (2014) em oliveira e Faghihi *et al.* (2013) em macieira.

Verificou-se que a área foliar total (cm^2) foi significativamente afetada pelo tipo de estacas e por diferentes reguladores de crescimento. A área foliar total máxima foi registada em estacas de madeira dura (P1) e IBA 5000 + NAA 5000 ppm (G5). Resultados semelhantes foram observados por Thakur *et al.* (2014) em oliveira e Khapare *et al.* (2012) e Rafael (2006) em figueira.

O efeito de interação entre o tipo de estacas e os reguladores de crescimento foi significativo. A área foliar total máxima foi encontrada no corte de madeira de macieira tratada com IBA 5000 + NAA 5000 ppm (P1G5). Resultados semelhantes também foram relatados por Thakur *et al.* (2014) em oliveira, Moreno *et al.* (2009) em groselha do cabo e Rafael (2006) em figueira.

5.3 Efeito nos parâmetros de crescimento da raiz

Diferentes características da raiz, nomeadamente o número de raízes por estaca, o comprimento da raiz e o peso fresco e seco da raiz

É evidente que o estudo do número de raízes foi significativamente afetado pelo tipo de estacas, reguladores de crescimento e suas interacções. O número máximo de raízes por estaca foi observado em estacas de madeira dura (P_1) e IBA 5000 ppm + NAA 5000 ppm (G_5). Isto pode dever-se ao facto de as estacas de folhosas conterem um maior teor de amido, o que, por sua vez, cria condições favoráveis para a iniciação das raízes e uma maior percentagem de enraizamento, juntamente com uma resposta positiva do IBA. Resultados semelhantes foram observados por Lal *et al*. (2007) em goiaba e Khapare *et al*. (2012) em figo, Alam *et al*. (2007) em kiwis, Singh *et al*. (2013) em citrinos, Thakur *et al*. (2014) e Porghorban *et al*. (2014) em oliveira.

Verificou-se que os efeitos da interação entre o tipo de estacas e os reguladores de crescimento influenciam significativamente o número de raízes. O número máximo de raízes foi registado na combinação de tratamentos $P\ G_{15}$ (estacas de madeira dura tratadas com IBA 5000 + NAA 5000 ppm). Resultados semelhantes são confirmados por Singh *et al*. (2014) em amoreira, Singh *et al*. (2013) em citrinos, Alam *et al*. (2007) em kiwis, Bhatt e Tomar (2010) em citrinos.

Verificou-se que o comprimento das raízes (cm) foi significativamente afetado pelo tipo de estacas. Entre os diferentes tipos de estacas, o maior comprimento de raiz foi observado na estaca de madeira dura (P_1) devido à maior quantidade de amido que, por sua vez, traz condições favoráveis para a iniciação da raiz que, em última análise

Entre os diferentes reguladores de crescimento, as estacas tratadas com IBA 5000 + NAA 5000 ppm (G_5) deram o maior comprimento de raiz. Isto pode ser devido ao facto de o IBA promover o alongamento celular, o que ajudou a aumentar o comprimento da raiz. O aumento do comprimento das raízes em estacas tratadas com reguladores de crescimento pode dever-se ao aumento da hidrólise dos hidratos de carbono, à acumulação de metabolitos no local de aplicação das auxinas, à síntese de novas proteínas, ao alargamento das células e à divisão celular induzida pelas auxinas. Resultados semelhantes foram obtidos por Lal *et al*. (2007) em goiaba, Tu *et al*. (1991) e Alam *et al*. (2007) em kiwis, Kumar *et al*. (2008) em maracujá.

Os efeitos de interação entre o tipo de estacas e os reguladores de crescimento mostraram uma influência significativa no que diz respeito ao comprimento da raiz. O comprimento máximo da raiz foi registado na combinação de tratamentos $P\ G_{15}$ (estacas de folhosas tratadas com IBA 5000 + NAA 5000 ppm) seguido da combinação de tratamentos $P\ G_{25}$ envolvendo estacas de folhosas tratadas com IBA 5000 + NAA 5000 ppm. Os resultados semelhantes foram observados por Bhatt e Tomar (2010) em citrinos, Saroj *et al.* (2008) em romã, Kurd *et al.* (2010) em oliveira, Moreno *et al.* (2009) em groselha do cabo, Singh *et al.* (1993) em ameixa.

Entre os diferentes tipos de estacas, o peso fresco e seco máximo da raiz (g) foi registado nas estacas de folhosas

(P_1). O aumento do peso da raiz é devido ao maior número de raízes e ao maior comprimento da raiz. O peso fresco e seco mínimo da raiz foi encontrado nas estacas de madeira semi-dura, devido a menos hidratos de carbono armazenados do que nas estacas de madeira dura. Resultados semelhantes foram observados por Alam *et al.* (2007) em kiwis e Kumar *et al.* (2008) em maracujás.

Entre os diferentes reguladores de crescimento, o peso fresco e seco máximo da raiz (g) foi registado quando as estacas de folhosas foram tratadas com IBA 5000 + NAA 5000 ppm (P_5). Estes resultados estão de acordo com Thakur *et al.* (2014) em oliveira e Khapare *et al.* (2012) em fig.

Os efeitos da interação entre o tipo de estacas e os reguladores de crescimento influenciaram consideravelmente o peso fresco e seco das raízes. O peso fresco e seco máximo da raiz foi registado na combinação de tratamento P G_{15} (corte de madeira dura + IBA 5000 + NAA 5000 ppm). Assim, a interação entre ambos os factores interagiu significativamente e aumentou o comprimento da raiz e também o peso da raiz (Suriyapananont, 1990). Resultados semelhantes foram observados por Bhatt e Tomar (2010) em citrinos, Saroj et al. (2008) em romã, Markovic et al. (2014) em cereja, Canli e Bozkurt (2009) em ameixa, Porghorban et al. (2014) e Kurd et al. (2010) em azeitona.

5.4 Efeito na percentagem de sobrevivência

Entre os tipos de estacas, foi registada uma percentagem de sobrevivência significativamente mais elevada na estaca de folhosas (P_1). O

estão em estreita conformidade com os resultados de Tu *et al.*(1991) em kiwi, Kracikova (1996) em ameixa, Das *et al.*(2006) em azeitona, Dhua *et al.*(1983) em jaca, Manan *et al.*(2000) em goiaba, Thantirige e Karunaratna (2005) em maçã para cera.

A percentagem máxima de sobrevivência foi registada quando as estacas de folhosas foram tratadas com IBA 5000 + NAA 5000 ppm (G_5) seguido de G7 (IBA 7500 + NAA 5000 ppm). Isto pode dever-se à presença de um grande número de compostos quimicamente e fisiologicamente não relacionados, como fenóis, giberelinas, ácido abscísico e outros, que influenciam a regeneração de raízes em estacas de várias plantas (Das et al., 2006). Estas conclusões são apoiadas por Paul e Aditi (2009) em maçã de água e Alam et al. (2007) em kiwis.

Os efeitos da interação entre o tipo de estacas e os reguladores de crescimento foram significativamente influenciados na percentagem de sobrevivência. A percentagem máxima de sobrevivência foi registada quando as estacas de folhosas foram tratadas com IBA 5000 + NAA 5000 ppm (P_1G_5), o que foi igual ao das estacas de folhosas tratadas com IBA 7500 + NAA 5000 ppm (P_2G_5). O desempenho geral em relação aos parâmetros de crescimento da raiz e dos rebentos foi significativamente melhor nesta combinação de tratamentos, o que acabou por aumentar a percentagem de sobrevivência. Estas observações estão em conformidade com os resultados de Das *et al.* (2006) em oliveira, Manan *et al.* (2000) e Lal *et al.* (2007) em goiabeira, Paul e Aditi (2009) em maçã-de-água, Thakur *et al.* (2014) em oliveira.

Uma investigação intitulada "Efeito do tipo de estaca e dos reguladores de crescimento no enraizamento da maçã Wax (*Syzygium samarangense* L.)" foi efectuada em condições de estufa na Estação Experimental Agrícola (AES), Universidade Agrícola de Navsari, At & Po. Paria, Ta: Pardi, District- Valsad, Navsari, Gujarat, Índia durante o ano de 2015-16.

A experiência foi realizada num esquema completamente aleatório com um conceito fatorial, com dezoito combinações de tratamentos, incluindo dois tipos de corte: corte de madeira dura e corte semi-duro e nove concentrações diferentes de IBA e NAA: IBA 5000 ppm, IBA 7500 ppm, NAA 5000 ppm, NAA 7500 ppm, IBA 5000 + NAA 5000 ppm, IBA 5000 + NAA 7500 ppm, IBA 7500 + NAA 5000 ppm e IBA 7500 + NAA 7500 ppm. Os tratamentos foram repetidos três vezes. Foi estudado o efeito destes tratamentos nos parâmetros de germinação, crescimento de rebentos e raízes e percentagem de sobrevivência. As principais características dos resultados experimentais são resumidas e concluídas neste capítulo.

6.1 Efeito dos tipos de estacas

6.1.1 O número mínimo de dias necessários para a germinação e a percentagem máxima de germinação (%) foram significativamente obtidos em estacas de madeira de macieira.

6.1.2 O número de folhas, a área foliar (cm^2) e o número de rebentos aos 30, 60, 90 e 120 DAP e o maior comprimento de rebentos e raízes (cm) foram significativamente máximos em estacas de madeira de macieira de cera aos 120 DAP.

6.1.3 O peso fresco e seco da planta aos 120 DAP foi significativamente mais elevado nas estacas de madeira de macieira.

6.1.4 O peso fresco e seco da raiz aos 120 DAP foi registado significativamente mais alto em estacas de madeira de macieira.

6.2 Efeito dos reguladores de crescimento

6.2.1 O número mínimo de dias necessários para a germinação e a percentagem máxima de germinação (%) foram significativamente registados nas estacas tratadas com IBA 5000 ppm + NAA 5000 ppm.

6.2.1 O número de folhas, a área foliar (cm^2) e o número de rebentos aos 30, 60, 90 e 120 DAP e o comprimento do rebento e da raiz (cm) foram significativamente máximos quando as estacas de maçã encerada foram tratadas com IBA 5000 ppm + NAA 5000 ppm aos 120 DAP.

6.2.3 O peso fresco e seco da amostra de plantas aos 120 DAP foi significativamente maior quando as estacas de maçã foram tratadas com IBA 5000 ppm + NAA 5000 ppm.

6.2.4 O peso fresco e seco da raiz aos 120 DAP foi significativamente maior quando as estacas de macieira foram tratadas com IBA 5000 ppm + NAA 5000 ppm.

6.2.5 A percentagem de sobrevivência da estaca de maçã encerada foi significativamente maior quando as estacas foram tratadas com IBA 5000 ppm + NAA 5000 ppm.

6.3 Efeito de interação

O efeito de interação entre os tipos de estacas e os reguladores de crescimento mostrou um efeito significativo no brotamento, número de folhas e rebentos por estaca, área foliar, comprimento do rebento e da raiz, peso fresco e seco da planta, peso fresco e seco da raiz e percentagem de sobrevivência das estacas de macieira. Os melhores resultados para todos os parâmetros foram registados quando as estacas de madeira de macieira foram tratadas com IBA 5000 ppm + NAA 5000 ppm.

Conclusão

Com base nos resultados da presente investigação, pode concluir-se que os diferentes tipos de estacas de madeira dura; tipo de corte, enquanto que, entre os diferentes reguladores de crescimento, o corte tratado com IBA 5000 ppm + NAA 5000 ppm revelou-se superior em todos os reguladores de crescimento estudados. A interação entre os tipos de estacas e os reguladores de crescimento revelou que a combinação de tratamentos de estacas de madeira dura tratadas com IBA 5000 ppm + NAA 5000 ppm (P1G5) registou significativamente o parâmetro de crescimento mais elevado em termos de percentagem de rebentos, comprimento dos rebentos mais longos, diâmetro dos rebentos mais longos, número de folhas, área foliar, número de rebentos, peso fresco e seco da planta e das raízes, comprimento das raízes e percentagem de sobrevivência na estaca de maçã para cera. Por conseguinte, a utilização de estacas de madeira dura com a combinação de IBA 5000 ppm + NAA 5000 ppm pode ser utilizada para a multiplicação de materiais de plantação saudáveis e vigorosos de macieira.

REFERÊNCIAS

Abbas, M. M.; Raza, M. K.; Javed, M. A.; Ahmad, S.; Riaz, S. e Iqbal, J. (2013). Propagação de plantas de viveiro de goiaba de tipo verdadeiro através da aplicação de IBA em estacas de madeira macia. *J. Agric. Res.*, **51**(3): 289-296.

Alam, R.; Rahman, K.; Ilyas, M.; Ibrahim, M. e Rauf, M. A. (2007). Efeito das concentrações de ácido indol butírico no enraizamento de estacas de kiwi. *Sarhad J. Agric.*, **23**(2): 293-295.

*Al-Obeed, R. S. (2000). O efeito de reguladores de crescimento, compostos fenólicos e tempo de propagação no enraizamento de estacas de goiabeira. *Alexandria J. Agric. Res.*, **45** (2):189-199.

Arora, R. K. e Yamdagni, R. (1985). Efeito dos reguladores de crescimento no enraizamento de estacas de limoeiro com e sem folhas. *Haryana Agric. Uni. J. Res.*, **15**(1):77-81.

Babaie, H.; Zarei, H.; Nikde, K. e Firoozjai, M. N. (2014). Efeito de diferentes concentrações de IBA e tempo de corte no enraizamento, crescimento e sobrevivência de estacas de *Ficus binnendijkii* 'Amstel Queen'. *Not. Sci. Biol.*, **6**(2): 163-166.

Bhatt, B. B. e Tomar, V. K. (2010). Efeitos do IBA no desempenho de enraizamento de *Citrus auriantifolia Swingle* (Kagzi-lime) em diferentes condições de crescimento. *Nature and Sci.*, **8**(7): 811.

Bose, T. K.; Mitra, S. K. e Sanyal, D. (2002) "Fruits: Tropical and Subtropical", *Naya Udyog Publishers*, Kolkata, Índia. P. 645.

Canli, F. A. e Bozkurt, S. (2009). Efeito do ácido indol butírico na formação de raízes adventícias a partir de estacas semilenhosas de ameixeira *Sarierik. J. App. Bio. Sci.*, **3**(1): 45-48.

Chauhan, K. S. e Reddy, T. S. (1974). Efeito dos reguladores de crescimento no enraizamento de estacas de ameixa (*Prunus domestica* L.). *Ind. J. Hort.*, **31**(3): 229-231.

Das, B.; Tantry, F. A. e Srivastava, K. K. (2006). Resposta de enraizamento de estacas de oliveira em ambiente de energia zero. *Ind. J. Hort.*, **63**(2): 209-212.

Debnath, S.; Hore, J. K.; Dhua, R. S. e Sen, S. K. (1986). Auxin synergists in the rooting of stem cuttings of lemon (*Citrus limon* Burm.). *South Ind. Hort.*, **34**(3):123-128.

Dhua, R. S.; Sen, S. K. e Bose, T. K. (1983). Propagação da jaqueira (*Artocarpus heterophyllus* Lam.) por estacas de caule. *Punjab Hort. J.*, **23**(1/2): 84-91.

Esitken, A.; Ercisu, S.; Sevik, I. e Sahin, F. (2003). Efeito do ácido indole-3-butírico e de diferentes estirpes de Agrobacterium rubi na formação de raízes adventícias a partir de estacas de ginja selvagem de madeira macia e semi-madeira dura. *Turk J. Agric.*, **27**: 37-42.

Faghihi, K.; Pyrayvatlo, S. P. e Imani, A. (2013). Efeito do ácido indol butírico (IBA), ácido indol acético (IAA) e ácido naftaleno acético (NAA) no enraizamento de estacas lenhosas dos porta-enxertos de maçã M9, MM106 e M111. *J. Basic Appl. Res.*, **3**(1): 570-576.

Garande, V. K.; Gawade, M. H.; Sapkal, K. T. e Gurav, S. B. (2002). Efeito do IBA e do número de entrenós no enraizamento de estacas caulinares de porta-enxertos de uva^ *Agric. Sci. Digest,* **22**(3): 176-178.

George, A. P. e Nissen, R. J. (1983). Estudo de propagação da anona III. *Australian Hort. Res. News.*, **55**: 145-146.

Gjeloshi, G.; Thomai, T. e Susaj, E. (2014). Efeito do ácido indole-3-butírico (IBA) 3000 ppm na capacidade de enraizamento e crescimento vegetativo das estacas vegetativas de kiwis. *Online Inte. In. terdiciplinary Res. J.*, **4**: 98-102.

Gomez, K. A. e Gomez, A. A. (1984). *Statistical Procedures for Agricultural Research,* 3rd , John Wiely and Sons. N. Y. Singapura.

Hamilton, R. A.; Criley, R. A. e Chia, C. L. (1982). Enraizamento de estacas de caule de fruta-pão (*Artocarpus altilis* [Parkins.] Fosb.) sob nebulização intermitente. *Actas combinadas, Inter. Plant Propa. Soc.*, **32**: 347-350.

Hore, J. K. e Sen, S. K.; (1993). Formação de raízes em estacas de romã (*Punica granatum* L.) com NAA e sinergistas de auxina sob nebulização intermitente. *Crop Res.* **6** (2): 252-257.

Khapare, L. S.; Dahale, M. H. e Bhusari, R. B. (2012). Estudos de propagação em figo como afectados pelo regulador de crescimento de plantas. *Asian J. Hort.*, **7**(1): 118-120.

Kochhar, S.; Singh S. P. e Kochhar, V. K. (2008). Effect of auxin and associated biochemical changes during clonal propagation of the biofuel plant- Jatropha curcas. Biomassa e Bioenergia, **32**: 1136-1143.

Kracikova M. (1996). Seleção de porta-enxertos de ameixeira para propagação económica por estacas de folhosas. *Vedecke Prace Ovocnarske*, **15**: 41-49.

Kumar, S.; Chithiraichelvan, R.; Karunakaran, G. e Sakthivel, T. (2008). Estudos sobre a propagação do maracujá cv. 'Kaveri' por estacas nas condições de Coorg. *Ind. J. Hort.,* **65**(1): 106-109.

Kurd, A. A.; Amanullah, Khan, S; Shah, B. H. e Khetran, M. A. (2010). Efeito do ácido indole butírico (IBA) no enraizamento de estacas de caule de oliveira. *Pak. J. Agric. Res.*, **23**(3-4): 193195.

Lal, S.; Tiwari, J. P.; Aswathi, P. e Singh, G. (2007). Efeito de IBA e NAA no potencial de enraizamento de rebentos estolados de goiaba (*psidium guajava* L.) cv. Sardar. *Ata Hort.*, **7**(35): 193-196.

Manan, A.; Khan, M. A.; Ahmed, W. e Sattar, A. (2002). Propagação clonal de goiaba (*Psidium guajava* L.). *Int. J. Agric. Bio.*, **4** (1): 143-144.

Markovic, M.; Grbic, M. e Djuric. M. (2014). Efeitos do tipo de corte e um método de aplicação de IBA no enraizamento de estacas de madeira macia da árvore de elite da cerejeira corneliana (*Cornus mas* L) da área de Belgrado. *Silva Balcanica*, **15** (1): 30-37.

Moreno, N. H.; Herrera, J. G. A.; Lopez, H. E. B. e Fischer, G. (2009). Propagação assexuada de groselha do cabo (*Pyllanthus peruviana* L.) utilizando diferentes substratos e níveis de auxina. *Agronomia Colombiana*, **27**(3): 241-248.

Navjot; Kahlon, P. S.; (2002). Efeito do tipo de estacas e do IBA no enraizamento de estacas e no crescimento de plantas em romã (*Punica granatum*) cv. Kandhari. *Hort. J.*, **15**(3): 9-16.

*Ozcan, M.; Ozsan, M.; Tuzcu, O.; Kaplankiran, M. e Yesiloglu, T. (1990). Os efeitos dos reguladores de crescimento das plantas e de diferentes tempos de propagação na percentagem de enraizamento de estacas semilenhosas dos mesmos porta-enxertos de citrinos. *Doga, Turk Tarim ve Ormancilik Dergisi,* **14** (2): 139-148.

Patel, A.M. (1988). Effect of growth substances and preconditioning on rooting of stem cutting of pomegranate, M.sc (Agri.) thesis submitted to G.A.U. S.K. Nagar.

Paul, R. e Aditi, Ch. (2009). IBA e NAA de 1000 ppm induzem caracteres de enraizamento mais aperfeiçoados em camadas de ar de ananás (*Syzygium javanica* L.). Bulg.*J.Agric. Sci.*, **15**(2):123-128.

Peter, T. D.; Padmavathi, R.; Jasmin Sajini e Sarala, A. (2011). *Syzygium samarangense.* A Review on Morfologia, Fitoquímica e Aspectos Farmacológicos. *Asian J. Biochem. Pharma. Res., 4*(1): 2231-2560.

Pirlak, L. (2000). Efeito de diferentes épocas de corte e doses de IBA na taxa de enraizamento de estacas de madeira de cerejeira (*Cornus mas* L.). *Anadolu J. AARI*, **10**(1): 122-134.

Polat, A. A. (2008). Efeito do ácido indolbutírico no enraizamento de estacas de amoreira. *Ata Hort.,* 351-354.

Porghorban, M.; Moghadam, E. G. e Asgharzadeh, A. (2014). Efeito do meio e das concentrações de ácido indol butírico (IBA) no enraizamento de estacas de oliveira russa (*Elaeagnus angustifolia* L) de madeira semi-dura. *Ind. J. Funda. App. Life Sci.*, **4**(3) 517-522.

Purohit, A. G. e Shekharappa, K. E. (1985). Efeito do tipo de estacas e do IBA no enraizamento de estacas de madeira dura de romã. *Ind. J. Hort.*, **42**(1-4): 30-36.

Rafael, E. (2006) Propagação da figueira em estacas apicais em diferentes ambientes, ácido indol butírico e tipo de estaca. *Cienc. Agrotech*, **30**(5):1021-1026.

Reddy, R.K.V.; Reddy, C.P. e Goud, P.V. (2008). Role of auxins synergists in the rooting of hardwood and semi hardwood cuttings of fig (*Ficus carica* L.). *Ind. J. Agri. Res.*, **42**(1): 47-51.

Sabbah, S. M.; Grosser, J. W.; Chandler, J. L. e Louzada, E.S. (1991). O efeito dos reguladores de crescimento no enraizamento de estacas de citrinos, géneros afins e híbridos somáticos intergenéricos. *Proc. Fla. State. Hort. Soc.*, **104**: 188191.

Salama, M. A.; Hassan, M. M.; Moustafa, A. A. e Ibrahim, Z. A. (1991). Influência da aplicação de IBA na capacidade de enraizamento de estacas de damasco. *Egyptian J. Hort.*, **18**(1): 95-103.

Sandhu, A. S. e Zora Singh (1986). Effect of auxins on the rooting and sprouting behaviour of stem cuttings of sweet lime (*Citrus limettioides* Tanaka). *Ind. J. Hort.*, **43**(4): 224-226.

Santos, M. Q. C.; Lemos, E. E. P.; Salvador, T. L.; Rezende, L. P.; Salvedor, T. L.; Silva, J. W.; Barros, P. G. e Campos, R. S. (2011). Enraizamento de estacas de gravioleira (*Annona muricata*) 'Gigante de Alagoas'. *Ata Hort.*, **923**: 241-245.

Santos, M. Q. C.; Lemos, E. E. P.; Salvador, T. L.; Rezende, L. P.; Salvedor, T. L.; Silva, J. W.; Barros, P. G. e Campos, R. S. (2013). Enraizamento de estacas de gravioleira coletadas em diferentes posições do ramo e tratadas com IBA. *Interciência*, **38**(6): 461-464.

Saroj, P. L.; Awasthi, O. P.; Bhargava, R. e Singh, U. V. (2008). Padronização da propagação de romã por corte sob sistema de nebulização em região quente e árida. *Ind. J. Hort.*, **65**(1).

Severino, L. S.; Lima R. L. S.; Lucena, A. M. A.; Freire M. A. O.; Sampaio, L. R.; Veras, R. P.; Medeiros, K. A. A. L.; Sofiatti, V. e Arriel, N. H. C. (2011). Propagação por estacas caulinares e estrutura do sistema radicular de *Jatropha curcaus*. *Biomassa e Bioenergia*, **35**: 3160-3166.

Sharma, J., Bandyopadhyay, A. e Sen, S. K. (1989). Efeito de produtos químicos auxínicos e não auxínicos no enraizamento de estacas de maçã rosa (*Syzygium jambos* Alston). *South Ind. Horti.* **37**(2):108-111.

Sharma, S. D. e Sharma, V. K. (1987). Padrão de enraizamento de estacas de madeira dura e semi-dura de romã selvagem (*Punica granatum* L.). *Ind. J. Hort.*, **44**(3-4): 188-193.

Singh, A. R.; Pande, N. C. e Pandey, A. K. (1986). Estudos sobre a regeneração de lima doce (*Citrus limettioides* Tanaka) por estacas caulinares com a ajuda de IBA e NAA.

Haryana J. Horti. Sci., **15**(1/2): 25-28.

Singh, K. K.; Chaudhary, T. e Kumar, A. (2014). Efeito de várias concentrações de IBA e NAA no enraizamento de estacas de amoreira (*Morus alba* L.) em condições de casa na região montanhosa de garhwal. *Ind. J. Hill Farming,* **27**(1): 125-131.

Singh, K. K.; Choudhary, T. e Kumar, P. (2013) Efeito das concentrações de IBA no crescimento e enraizamento de estacas de *Citrus limon* cv. Estacas de limão Pant. *HortFlora Res. Spectrum, 2*(3): 268270.

Singh, S. N.; Singh, R. K.; Minhas, P. P. S. e Sandhu, A. S. (1993). Influência do ácido indol butírico no enraizamento de estacas de caule de ameixa cv. Kabul Green Gage. *Punjab Hort. J.*, **33**(1/4): 63-64.

Sontakke, M. B.; Parbat, S. C. e Syed Ziauddin (1996). Estudos de propagação em figueira (*Ficus carica* L.) afectados por reguladores de crescimento. *J. Applied Hort.*, **2**(1-2): 143-147.

Suriyapananont, V. (1990). Estacas de damasco japonês relacionadas com reguladores de crescimento, meios de enraizamento e mudanças sazonais. *Ata Hort.*, **279**: 475- 480.

Thakur, M.; Sharma, D. D. e Singh, K. (2014). Estudos sobre o efeito da cintagem, etiolação e auxina no enraizamento de estacas de oliveira (*Olea europaea* L.). *Int. J. Farm Sci.*, **4**(2): 39-46.

* Thantirige, M. K. e Karunaratna, M. S. (2005). Propagação de maçã de cera sem sementes (*syzygium samarangense*). *Annals Sri Lanka Dept. Agri*, **7**: 271-278.

Tu, C. Q.; Jiang, H. R. e Tu, Y. S. (1991). Propagação rápida do kiwi chinês, Actinidia chinensis, usando estacas em pleno sol. *New Zealand J. Crop Hort. Sci.,* **19** (4): 355-359.

Ullah, T.; Wazir, F. U.; Masood Ahmad; Analoui, F.; Khan, M. U. e Masood Ahmad (2005). Uma inovação na propagação de goiaba (*Psidium guajava* L.) a partir de estacas. *Asian J. Plant Sci.*, **4**(3):238-243.

Upadhyay, S. K. e Badyal, J. (2007). Effect of growth regulators on rooting of pomegranate cutting (Efeito dos reguladores de crescimento no enraizamento de estacas de romã). *Haryana J. Hort. Sci.,* **36**(1-2): 58-59.

* Original não visto

Apêndices

Apêndice - I : Parâmetros meteorológicos registados durante a experiência (médias mensais).

Ano	Meses	Temperatura ($^{\circ}C$)		Humidade relativa (%)		Precipitação
		Máximo.	Min.	Máximo.	Min.	
2015	julho	30.4	25.4	93.4	86.8	824
	agosto	29.2	25.2	91.6	82.6	365
	setembro	30.6	24.7	92	76.8	647
	outubro	32.9	23	86.3	56.7	48

Printed by Books on Demand GmbH, Norderstedt / Germany